NOUVELLES
RECHERCHES

SUR

LES DÉCOUVERTES MICROSCOPIQUES,

ET

LA GÉNÉRATION DES CORPS ORGANISÉS.

OUVRAGE

Traduit de l'Italien de M. *l'Abbé* Spalanzani, *Professeur de Philosophie à Modène.*

Et dédié à Son Altesse, Monseigneur le Prince DE MARSAN, par M. l'Abbé *Regley*, Aumônier de Son Altesse.

Avec des Notes, des Recherches physiques & métaphysiques sur la Nature & la Religion, & une nouvelle Théorie de la Terre.

Par M. *de Needham*, Membre de la Société Royale des Sciences, & de celle des Antiquaires de Londres, & Correspondant de l'Académie des Sciences de Paris.

Omnia per scalam quamdam ad unitatem ascendere......
vox naturæ ingeminabit, etsi vox hominum reclamet-
Bacon de Augm. Scient. L. 3, cap. 4

PREMIERE PARTIE.

A LONDRES;
& A PARIS,

Chez LACOMBE, Libraire, rue Christine, près la rue Dauphine.

M. DCC. LXIX.

A SON ALTESSE,

MONSEIGNEUR

CAMILLE-LOUIS DE LORRAINE, Prince de Marfan, Sire de Pons, Prince de Mortagne, Marquis de Mirambeau, Souverain de Bedeille & autres lieux, Chevalier des Ordres du Roi, Lieutenant-Général de ses Armées.

MONSEIGNEUR,

J'AI fait devant VOTRE ALTESSE les expériences du

microscope de MM. de Needham & Spalanzani; vous avez saisi leurs vuës philosophiques avec des vuës plus sublimes encore; toutes les sciences ont le droit d'amuser vos loisirs. Puisse cet Ouvrage montrer aux Philosophes que leurs travaux sont de quelque prix auprès des Grands, & les encourager à mériter leurs regards, en éclairant l'humanité.

Je suis avec le plus profond respect,

MONSEIGNEUR,

DE VOTRE ALTESSE,

Le très-humble & très-obéissant serviteur
REGLEY.

DISCOURS

DISCOURS
PRÉLIMINAIRE.

Nous voyons les petits objets assez distinctement à une distance de quinze ou seize pouces ; mais il en est que leur extrême ténuité dérobe à l'œil simple, & d'autres qui étant placés sur nos têtes, nous échappent, malgré leur volume, dans l'immensité de l'espace.

Il semble que l'homme, peu content de la classe mitoyenne dans laquelle la nature l'a placé, ait voulu rapprocher les deux extrêmes de la petitesse & de l'éloignement. D'un côté, le télescope soumet à ses égards ces masses énormes, solides ou enflammées qui roulent & se balancent dans les airs. De l'autre, le microscope lui dévoîle ces particules insensibles, & presque élémentaires qui entrent dans la composition des corps.

Je ne m'éleverai point ici par le secours du télescope jusques dans ces régions supérieures que parcourent des globes, peut-être habités, & des astres qui les éclairent. Je descends aujourd'hui avec *Leuwenhoek* dans ce monde d'infiniment petits dont il a fait la découverte; la main suprême qui a tissu l'organisation délicate des êtres vivans qui l'habitent, n'y a pas moins étalé de richesses que dans la structure des mondes & l'azur des cieux.

M. l'Abbé *Spalanzani* a beaucoup enrichi ce monde invisible; M. *de Needham* y a porté l'œil d'un Philosophe qui veut voir la marche de la nature, & qui peut-être a levé une partie du voîle qui la couvre; pour être en état d'apprécier les travaux de ces deux hommes célebres, je vais faire un petit détail du monde microscopique; on verra ce qu'il

PRÉLIMINAIRE.

étoit avant eux, & ce qu'il eſt devenu entre leurs mains ; les obſervations que j'abrége ſont celles de *Baker*, de *Leuwenhoek*, *Hartſoeker*, *Swamerdam*, *La Hire*, *Joblot*, *Sedileau*, *Jurin*, *Haris*, *Hook*, *Harvey*, *Redi*, *Power*, *Malphigi*, *Derham*, *Liſter*, &c. J'en ai puiſé quelques-unes dans la Grammaire des ſciences, ouvrage traduit de l'Anglois ; *Baker* eſt mon principal guide ; je le ſuis pas à pas dans cet abrégé : les noms de ces hommes ſçavans peuvent ſervir à nous faire ſoupçonner que le microſcope n'eſt pas toûjours entre les mains de l'Obſervateur un amuſement vain, une curioſité ſtérile, & qu'un œil intelligent ſera peut-être aſſez heureux pour y ſaiſir de nouveaux objets qui ſeroient utiles aux grandes vuës que nous avons ſur la nature.

Une eau dans laquelle on avoit fait infuſer des grains de poivre pendant quelques jours, a donné des animaux, ou des êtres organiſés, qui avoient autour d'eux une frange, ou une infinité de pieds, avec de longues foies en forme de queue, & dont la longueur réelle n'égaloit que le diamétre d'un cheveu. D'autres avoient une queue droite, ou courbée en zigzags, & des franges autour de la langue; quelques-uns prenoient une figure ovale, en forme de carrelets, & paroiſſoient ſeuls ou accouplés; il y en a qui, comme le ver, étoient cinquante fois auſſi longs que larges, qui nageoient en avant & en arrière, & ſe balançoient en marchant.

Les eaux de foin, de froment, d'avoine, de paille, &c. donnent des animaux ovales, petits, & ſemblables à des œufs de fourmis. Les uns opaques par le bas & tranſparens à une extrêmité, ont la forme d'une bouteille, ſans pieds, ni nageoires. Les autres reſſemblent à une veſſie pleine d'eau. Ils tournent ſur eux-mêmes cent fois dans une minute, ou prennent un mouvement progreſſif. On en voit qui ont pluſieurs pieds à une extrêmité, qui ſe contractent & s'étendent pour nager avec beaucoup de vîteſſe.

Baker a vû ſur l'écume de l'eau de foin des ſerpens plus gros que les anguilles microſcopiques, & dont la tête étoit moins tranſparente que la queue.

Leuwenhoek a vû dans de l'eau de pluie des animaux qui étoient à la mite, comme l'abeille eſt au cheval, mille fois plus petits qu'un grain de ſable.

Derham croit que la couleur verte des eaux dormantes vient des animaux qui en tapiſſent la ſurface. Il y a reconnu une eſpece de chevrettes; il a été témoin de leurs accouplemens aux mois de Mai & de Juin; alors l'eau devenoit jaune, ou d'un rouge pâle & quelquefois foncé.

Les animaux de l'eau de fumier ont le milieu du corps noir, la queue terminée en cône, la marche de l'anguille & le mouvement lent.

Baker a conſervé dans de la colle de farine aigrie, des anguilles auxquelles le microſcope ſolaire donnoit juſqu'à un

& deux pouces de diamétre. On y diſtinguoit leurs viſceres, & lorſque l'eau commençoit à leur manquer, elles bailloient comme un animal qui expire.

M. *Joblot* a apperçu dans des infuſions de roſes, d'anemone, de jaſmin, de baſilic, de thé, de champignons, &c. des animaux auſſi variés que les différentes eſpeces de fleurs & de végétaux auxquels ils appartenoient. L'infuſion de citron lui a donné un animal qui avoit ſur le dos la figure d'un ſatyre.

La racine de lentille ſauvage, qui croît dans les eaux des étangs & des foſſés, a des animaux ou polypes en forme de cloches, qui s'étendent & ſe contractent tous à la fois *.

* M. *Tremblay* a coupé un polype en pluſieurs morceaux, & chaque morceau a produit un polype entier. Le corps d'un ſeul lui en a donné juſqu'à cinquante. Il a fait ſes ſections en long & en travers ; en moins d'une heure chaque partie eſt devenue un corps parfait, mais il a fallu quelques jours pour la réproduction des

PRÉLIMINAIRE. vij

Leuwenhoek a découvert dans cette matiere gluante qui est sous les gouttieres, des animaux à deux & à quatre roues, armées de dents, qui sortent de leur tête & tournent circulairement comme sur un essieu. Lorsqu'on les touche ou que l'eau s'évapore, ils se contractent. On les conserve pendant plusieurs années sous une forme ovale dans ce limon desséché ; & lorsqu'on délaye le limon dans de l'eau, on les voit se ranimer, s'allonger & nager.

Le pou, dont la vuë fait horreur, s'embellit au microscope. On y voit les ramifications de ses veines, le battement régulier de son pouls dans les arteres, le mouvement péristaltique de ses intestins, & le passage rapide du sang dont il se nourrit. Son suçoir est sept cens fois plus délié qu'un cheveu, & ce suçoir est renfermé dans un foureau pour s'en ser-

bras. Un polype, coupé à huit heures du matin, a mangé un ver le même jour à trois heures après midi.

vir au besoin. L'ovaire de la femelle contient toûjours cinq ou six œufs prêts à sortir, & environ soixante & dix autres plus petits, dispersés comme dans l'ovaire d'une poule.

Tous les animaux ont une vermine qui les afflige. Le cerf, le tigre, le chameau, le pigeon, la tourterelle, le cigne, le canard, la limace, l'araignée, les abeilles mêmes en ont. *Kirker* en a vû jusque sur les puces. M. *de La Hire* a examiné celle qui se forme sur la feuille de nos orangers, & que l'œil n'apperçoit que comme une tache ; la tête d'une mouche lui a montré des insectes quatre mille fois plus petits que la tête même de la mouche.

Les mites du fromage, des fruits secs & des grains, sont des animaux réguliers & voraces ; elles tournent leur voracité contre elles-mêmes lorsque la nourriture manque à la république. On les prendroit souvent pour un amas de poussiere, mais au microscope cette pousfiere s'anime ; *Leuwenhoek* a confervé une mite pendant près de deux mois fans la nourrir. Celles qui dévorent les beaux papillons du Cabinet des Curieux ne périffent que par les émanations d'un morceau de camphre que l'on place dans un tiroir. Leurs œufs ont à peine le diamétre d'un cheveu.

La puce a des écailles du plus beau poli, placées avec beaucoup d'ordre & de régularité ; on prendroit fon col pour celui d'une écreviffe de mer ; fa tête eft armée de deux pattes, au milieu defquelles eft le fuçoir qui fert à fa nourriture. Tous les changemens que fubit le ver à foie, la puce les éprouve. Que l'on enferme fes œufs dans un tube de verre, bientôt il en fort un ver, ou magot qui rampe comme la chenille ; ce ver fe file une coque dans laquelle il fe change en chryfalide, & prend enfuite la forme d'une puce. Qu'on la difféque, l'œil eft étonné de la petiteffe extrême de fes veines & de fes arteres.

L'araignée que nous regardons comme un animal fort vil, a été mieux partagée que nous par la nature du côté d'un organe fort délicat. Les unes ont six yeux, d'autres quatre, quelques-unes en ont jusqu'à dix. Chaque œil est défendu par une paupiere violette, tirant sur un bleu clair, & entourée d'un cercle jaune. Par ce moyen l'araignée voit à la fois & au-dessus d'elle & autour d'elle. Le fil d'une jeune araignée est quatre cens fois plus petit que celui d'une autre qui est parvenue à toute sa grosseur. L'araignée chasseuse porte à ses pattes une touffe de plumes qui sont nuancées par les plus riches couleurs.

Le cousin, cet insecte qui tantôt vit sous les eaux, tantôt prend son essor dans l'air, a de même sur la queue des plumes exquises. Ses ailes sont ornées d'un long *falbala*, & rien de si admirable que la tête de cet animal.

Derham a compté huit barbes sur l'aiguillon de la guêpe ; *Baker* en a compté

PRÉLIMINAIRE. xj

autant fur celui de l'abeille : ce font de petits hameçons qui forcent l'abeille de dépofer ce dard dans la bleffure qu'elle fait, fur-tout lorfqu'elle l'enfonce avec fureur, & qu'on l'agite en voulant l'écarter. A la racine de l'aiguillon eft un fac plein du fuc vénimeux qui caufe l'enflure. On voit flotter dans ce fuc des fels, & ces fels fe cryftallifent.

On a été long-tems fans appercevoir aucune ouverture dans le dard du fcorpion ; enfin *Redi* l'a vûe avec les microfcopes du grand Duc de Tofcane. Il faut, dit *Baker*, que le poifon de cet animal foit bien fubtil pour couler dans la piquure par un canal prefque invifible, caufer dans la maffe de nos fluides un dérangement total & donner la mort.

Le poifon de la vipere eft logé dans un fac qui eft à la racine de fa dent, & qui y vient par un conduit placé derriere l'orbite de l'œil, en fortant d'une glande qui le fépare du fang. C'eft le Docteur *Mead* qui a vû cette ouverture, semblable à la fente d'une plume que l'on taille; les sels de la liqueur se sont convertis à ses yeux en cryſtaux d'une petiteſſe incroyable.

A l'extrêmité de la corne du limaçon eſt une tache noire, formée en demi-cercle; c'eſt, ſelon *Liſter*, l'œil de l'animal, qui en a juſqu'à quatre & qui eſt auſſi armé de ſix dents, dures comme de la corne. *Swamerdam* a trouvé ſous ſa tête une pierre à laquelle il donne des qualités diurétiques.

La mouche préſente au microſcope des richeſſes qui étonnent, un luxe qui éblouit. Sa tête eſt ornée de diamans; ſon corps eſt tout couvert de lames brillantes; elle a de longues ſoies & un plumage éclatant. Un cercle argenté environne ſes yeux. Sa trompe eſt affilée de maniere qu'elle lui donne la double propriété de trancher les fruits ou d'en pomper les ſucs.

C'eſt avec le microſcope qu'il faut voir les yeux des inſectes; lorſque l'on croit ne confidérer qu'un œil, il s'en préfente une multitude du plus beau poli & de la plus grande régularité. Ce font des miroirs qui ont chacun leur prunelle & leur lentille. L'objet s'y multiplie fous la main de l'Obfervateur, & s'y réduit probablement à l'unité pour l'animal. Leur nombre devient effrayant. *Leuwenhoek* en a compté 6236 fur un ver à foie, & *Hook* 14000 fur un bourdon. La mouche-dragon en a 25088. Au milieu de chaque lentille eft une tache fept fois plus petite, & environnée de trois cercles ; *Leuwenhoek* s'amufa à adapter une de ces lentilles à celle de fon microfcope, & la dirigea du côté d'un clocher éloigné d'environ 750 pieds. La fléche lui parut renverfée, & auffi petite qu'une aiguille fort fine.

La pouffiere qui couvre les ailes du papillon eft vraiment un amas de petites plumes difpofées réguliérement & avec ordre ; leur variété eft infinie.

On connoît aux écailles l'âge du poifson. Dans celles d'une carpe de quarante-deux pouces & demi de long, *Leuwenhoek* a vû avec son microscope quarante lames ajoutées les unes sur les autres, & a prononcé que la carpe avoit au moins quarante ans. L'anguille, le serpent, la vipere & les lézards sont écaillés. La peau de l'homme même a des écailles qui la couvrent, & qui peut-être sont la cause de sa blancheur ; on distingue au microscope ses cinq pans & la maniere dont ses écailles anticipent les unes sur les autres. Nos pôres s'y montrent de même d'une maniere fort sensible. *Leuwenhoek* en compte cent dans l'étendue d'une ligne, cent quarante-quatre millions sur un pied quarré, & deux mille seize millions sur toute la surface du corps. Ceux de la paume de la main sont des sillons parallèles qui paroissent comme autant de fontaines, desquelles découle une eau claire & lympide.

La coquille des huitres donne dans

l'obscurité une flamme bleue ; M. *Auxant* a trouvé que cette flamme est le résultat de l'assemblage de trois espéces d'animaux dont les uns sont blanchâtres, les autres rouges, & ceux d'une troisième espéce marquetés ; on distingue leurs têtes, leurs dos, leurs pattes, & on présume que la lumiere que jette le bois pourri est de même dûe à des animaux. *Baker* étend sa conjecture jusque sur les *feux follets* qui causent quelquefois tant de frayeur, & qui étoient si respectés chez les Anciens.

Les poils des animaux ont un grand nombre de tubes extrêmement petits. M. *Malphigi* y a vû des valvules, & des cellules médullaires de la structure la plus élégante & la plus délicate. Il y en a qui, coupés transversalement, montrent une moëlle semblable à celle du sureau ; d'autres ont une moëlle blanchâtre & étoilée : on trouve dans ceux de l'homme une variété infinie de vaisseaux, & des figures fort régulieres.

On a regardé pendant long-tems les étamines des fleurs comme une fubftance farineufe affez inutile, & même excrémentitielle; aujourd'hui cette pouffiere eft un affemblage de corps réguliers, uniformes, & dans lefquels on ne voit de la variété que fuivant les efpeces auxquelles ils appartiennent. Enfin, c'eft, d'après quelques Naturaliftes, la femence même de la plante à laquelle la nature a préparé avec beaucoup d'art un piftile qui la reçoit dans fa maturité. Chaque plante a une étamine qui lui eft propre; celle de la mauve eft fphérique, opaque & armée de pointes; celle du tourne-fol eft plate, circulaire, & tranfparente au milieu; celle du pavot eft oblongue & fillonnée.

Plufieurs Obfervateurs éclairés ont crû appercevoir la figure de la plante dans fon germe. Ainfi le gland renferme un chêne, & une forêt entiere. *Baker* a préfenté à la Société Royale de Londres une femence du *gramen tremulum*
dans

dans laquelle il montroit une plante entiere avec sa racine, ses branches & ses feuilles. Il a vû que les semences des fraises sont autant de fraises qui sortent de la pulpe du fruit. Si les Anciens avoient eû le secours du microscope, ils se seroient bien donné de garde de faire une classe de plantes stériles, & d'y ranger les différentes especes de fougeres & de capillaires, dans lesquelles nous voyons vraiment une poussiere impalpable & des vaisseaux séminaux qui les rendent fécondes.

Le microscope nous a fait de même appercevoir les sels des végétaux & des minéraux : ceux qui flottent dans le vinaigre sont oblongs & quadrangulaires, avec deux pointes extrêmement déliées : si l'on y jette des yeux d'écrevisse, ces pointes se brisent dans l'effervescence, & les sels prennent une forme quarrée. Les sels du vin sont plus émoussés; quelques-uns ressemblent à un fuseau, d'autres à une navette. Le vitriol, l'alun, le salpêtre, le sel marin ont tous des sels propres & constamment les mêmes.

Les sables sont également admirables au microscope ; il y en a d'opaques & de diaphanes ; d'autres qui sont brutes ou naturellement polis ; quelques-uns où l'on voit des bâtimens, des plantes & des animaux. *Leuwenhoek* plaça à son microscope de petits morceaux de diamant éclairés par la lumiere du soleil, il en sortit des flammes étincelantes ; il les observa ensuite à l'ombre, la flamme parut s'élancer de chaque particule du diamant & avoit un éclat inégal. Tantôt c'étoient des étincelles rouges & fort vives ; tantôt une flamme foible & verte. Quelquefois il crut voir des éclairs ; il en retira encore un autre avantage, ce fut de distinguer & de compter les petites lames dont le diamant est composé.

La neige a été de même un objet des observations microscopiques ; ses petits floccons ont à-peu-près la forme d'une étoile ; M. *de Cassini* l'a trouvée héxa-

PRÉLIMINAIRE.

gone; les six rayons sont autant de branches garnies de feuilles, & chaque floccon forme une espece de fleur.

Mais rien ne doit nous intéresser autant que la vuë de la circulation du sang dans les vaisseaux. On l'observe aisément sur les moules, les têtards & la membrane de la patte des grenouilles. Si c'est le sang même que l'on veut considérer, on en étend une goutte sur une lame de verre ou de talc, lorsqu'il est encore chaud, & tout récemment sorti de la veine : on peut aussi le délayer avec un peu d'eau tiéde ou dans du lait chaud. Ses parties se distinguent aisément sous la forme de globules ; on suit avec l'œil la marche de ce fluide, le dégré de son impulsion, sa progression, sa vîtesse, & la direction de sa course dans les vaisseaux. A quel point la nature n'a-t-elle pas porté la ténuité de ses parties ? *Leuwenhoek* & *Jurin* ont calculé que 160 de ces globules, placés les uns à côté des autres, égalent à peine la longueur d'une ligne : ils les ont trouvés mols & fléxibles dans un état de santé, mais durs & roides dans la maladie.

Lorsqu'on observe le sang dans les animaux vivans, on voit sa circulation, les altérations qu'éprouvent ses globules en passant d'un grand vaisseau dans un plus petit, leurs collisions, & jusqu'à la forme ovale qu'ils sont forcés de prendre pour y entrer. Si l'animal expire dans le cours de l'observation, on est témoin de tous les changemens qu'il subit & des causes qui les opèrent.

Le sang, la salive, l'urine, le chyle, le fiel & les humeurs ne contiennent point d'animaux vivans, ou de corps animés ; mais nous en portons continuellement avec nous dans notre bouche même, & quelque soin que nous apportions pour la nettoyer, il y en a toûjours dans cette matiere qui se loge entre nos dents, dont les uns sont ronds, les autres ovales, & qui prennent bientôt la forme de l'anguille ou du serpent si un plus long séjour dans la bouche leur permet de se développer.

Le microscope nous a conduit fort loin par les découvertes qu'il nous a fait faire, mais quelques Observateurs ont voulu aller encore plus loin qu'ils n'avoient été conduits par le microscope même. Il y a eû des hommes d'une imagination assez ardente pour s'écrier, dit *Baker*, qu'ils avoient apperçu la matiere subtile de *Descartes*, & les émanations de l'aimant.

Contentons-nous de porter nos regards sur les objets que le microscope nous rend sensibles, & soyons assez sages pour ne point nous élancer au-delà. Cette carriere est déja assez vaste, & peut-être trop peu connue, pour vouloir reculer les bornes qui ont été posées par la nature. N'est-ce pas assez pour nous de croire que nous nous sommes avancés jusques sur les bords de ce bassin où elle travaille à la premiere formation des corps, & que nous y avons vû nager l'homme & les animaux ? Si cette vérité nous reste, elle doit nous suffire ; mais la découverte ne nous satisfait pas, & nous courons à une autre. Nos Observateurs ont commencé par poser pour principe que ces êtres qui nagent dans la liqueur sont des animaux parfaits ; d'autres, pleins de cette idée, prétendent démêler dans chacun le penchant & le caractere de l'espéce; dans le chien, la vigueur & la force ; dans le liévre, la foiblesse & la crainte ; dans le coq, le feu, la vivacité, l'audace. N'a-t-on pas vû *Leuwenhoek* s'y méprendre, appeller ses voisins, & leur montrer avec enthousiasme les entrailles d'un bélier où de jeunes brébis ne marchoient qu'en troupes, & suivoient timidement leur conducteur comme celles qui broutent l'herbe dans nos campagnes ?

Voilà, je crois, des abus de l'esprit qui ne servent qu'à nous égarer. J'ai plus de confiance dans la description que le même *Leuwenhoek* nous a donnée d'un petit agneau qui n'avoit que dix-sept jours, & qu'il a vû très-diſtinctement dans le ventre de ſa mere. C'étoit d'abord une petite ſubſtance rouge & charnue dont l'œil confondoit les traits ; mais au microſcope ce fut un agneau bien formé, avec une tête, un corps, des côtes, des inteſtins, des vertébres, des vaiſſeaux ſanguins, & deux petits yeux qui avoient toute la tranſparence du cryſtal. Je croirai de même qu'un petit agneau, âgé ſeulement de trois jours, avoit déja une tête & des yeux, & qu'il étoit couché en rond dans ſes enveloppes. Mais laiſſons-là ces brébis futures qui ne nagent qu'en bandes dans les inteſtins du bélier.

Il y a encore un calcul de *Leuwenhoek* qui devient effrayant par ſon étendue, & qui par-là même perd juſqu'à la vraiſemblance, c'eſt celui de ſa grenouille, de ſon merlus mâle, ou de ce merlus qui eſt appellé *Jack* par les Anglois. On a accordé à la femelle du merlus une prodigieuse quantité d'œufs. De compte fait, on en a trouvé dans une jusqu'à neuf millions trois cens trente-quatre mille, & comme il faut à *Leuwenhoek* dix mille animaux dans le mâle pour chaque œuf de la femelle, il va se trouver qu'un merlus mâle contiendra seul un bien plus grand nombre de merlus vivans qu'il n'y a d'hommes existans sur toute la surface de la terre. L'Observateur a même fait ce calcul avec tant de complaisance que, pour marcher avec un certain ordre dans sa combinaison, il a mis d'un côté l'espace qu'occupent les mers, & de l'autre celui des terres habitées ; ensuite jugeant de la terre entiere par la population de la Hollande, qui lui étoit connue, il a trouvé un nombre d'hommes fort inférieur à celui des prétendus individus de son merlus mâle, de son *jack* & de sa grenouille.

Harvey a jetté un coup d'œil bien différent sur l'ouvrage de la génération. *Charles I*, Roi d'Angleterre, lui avoit abandonné les cerfs, les biches, & les lapins de son parc. Le Physicien saisit tous les momens où leur dissection pouvoit lui donner des lumieres ; tantôt il immoloit les biches le jour même qu'elles avoient reçu le cerf, tantôt il ne les ouvroit que quelques jours après. Les premiers changemens qu'il apperçut furent un gonflement, & des excroissances spongieuses ; enfin il vit manifestement des filets extrêmement déliés, & étendus en forme de réseau, avec une poche qui renfermoit une liqueur épaisse & glaireuse. Dans cette glaire nageoit un corps sphérique rempli d'une eau brillante, & au milieu un point vivant, qui ne s'agitoit que par bonds & par sauts. Il nomma ce point, *punctum saliens*, & il le fit remarquer au Roi.

Harvey, fier de sa découverte, crut pouvoir renverser le système des œufs & des animalcules microscopiques. Il imagina que ce *punctum saliens* étoit le premier principe de l'organisation animale,

& que les autres parties du corps venoient s'y adapter & s'y unir par *juxtàposition*, de maniere que les visceres se formoient toûjours avant les organes du déhors. M. *de Maupertuis* est étonné de voir ce grand appareil d'observations, & ce massacre de biches aboutir à comparer la génération au fer que touche l'aimant, ou au cerveau qui reçoit des idées.

Ce n'est pas seulement dans la formation des animaux que le microscope a été utile à la Physique, il nous a mis à portée outre cela de connoître les parties simples & primitives que l'on peut regarder comme les rudimens des plantes. Si l'on veut observer les parties organiques dont la nature se sert, que l'on coupe transversalement une racine, & que l'on en présente au microscope une tranche fort mince, ce petit volume s'agrandira, & on y distinguera aisément une membrane extérieure destinée à servir d'enveloppe à la racine, & qui est composée en partie de vésicules & d'une substance ligneuse. Ensuite on verra le bois de la racine qui dans quelques-unes va jusqu'au centre, & dans d'autres se termine au tiers de ce même centre, avec des véficules qui se logent réguliérement entre les parties du bois. Dans la substance même du bois, on appercevra l'orifice des petits tubes ou veines que l'on peut regarder comme autant de canaux pour ménager un passage libre à l'air du dehors. Dans les plantes où la substance ligneuse ne va pas jusqu'au centre, comme dans la rave, on aura à cet endroit un amas de véficules spongieuses, semblables à celles de l'écorce, ou, si l'on veut, un parenchime, c'està-dire une substance molle & charnue.

Mais comme la nature a dans tout ce qu'elle fait un but constant, elle a marqué l'emploi de chacune de ces parties ; & cet emploi, le microscope l'a démontré de la maniere la plus sensible. Les véficules de l'écorce font autant d'éponges qui pompent les sucs aqueux de la terre d'où ils tirent leur vie végétative. La pellicule de l'écorce crible & élabore ces sucs pour les assimiler à la nature du parenchime ; d'autres vésicules les filtrent de nouveau, & les atténuent en se les transmettant successivement jusqu'à ce qu'ils arrivent au centre; enfin ils sont portés dans la partie ligneuse de la plante.

On peut, à l'aide d'un microscope solaire, se mettre soi-même devant les yeux une image de toutes ces choses, & les tracer avec facilité sur un transparent. Les organes des plantes n'y sont pas équivoques, & c'est peut-être un des plus beaux spectacles & des plus flatteurs que la vuë de cet ordre admirable dans lequel la nature a disposé les vésicules, la substance ligneuse, les tubes & le parenchime dans la rave, l'absynthe, le saule, le buis, le chêne, &c. Il semble même, à cet aspect, que l'on aille rendre compte de la variété des saveurs dans les plantes & les fruits ; dire, par exemple, pourquoi la poire & la pomme qui naiſſent voiſines l'une de l'autre, ſont cependant ſi différentes par le goût; montrer, d'après le microſcope, que leurs racines & leurs branches n'ont pas une filiere ſemblable, & que probablement les ſucs n'ont pas dû y être élaborés de la même maniere.

Je ne parlerai point de la circulation de la ſêve dans les plantes; il eſt aſſez vraiſemblable que la nature lui a ouvert tous les paſſages pour y monter par l'écorce, le bois, ou la moëlle, ou même par tous les trois à la fois. *Haller* ne veut pas qu'elle y circule, mais il s'applique à prouver que les plantes tranſpirent. *Boheraave* prétend que les ſucs de la terre doivent charrier dans ces grands canaux toutes ſortes de ſels, de l'eau, des huiles, & même des métaux, & il croit reconnoître les particules métalliques dans les cendres des végétaux qui ſont attirables à l'aimant.

Baker invite les Philoſophes à présenter au microscope les feuilles des plantes & des arbres. Leurs ramifications & l'épaississement des sucs qui se coagulent lorsqu'ils en sont sortis, annoncent assez ouvertement un état de circulation.

Pour les pôres, *Leuwenhoek* en a compté plus de 340000 sur une simple feuille de buis. Ceux de la rue ressemblent aux cellules d'un rayon de mouches à miel, & d'autres à des trous d'épingle. Nous devons au microscope la découverte d'une membrane blanche & fine qui les tapisse.

Il y a des feuilles sur lesquelles le microscope étale aux yeux un tissu où la nature a prodigué des richesses & un travail inimitable, telles sont celles de sauge, de mercuriale & d'églantier ; ce sont des grains de cryftal, des lames d'argent, des grappes, des nœuds que les plus merveilleux d'entre nos Artiftes n'imiteront jamais.

Baker compare pour un moment nos

ouvrages les plus finis avec ceux de la nature. Il cite le tranchant d'un rafoir, la pointe d'une aiguille, le linon le plus fin, une belle dentelle de Malines, une chaîne d'or, longue d'un pouce, compofée de trois cens anneaux, & fi légere qu'on la faifoit traîner par une mouche; une chaife d'ivoire qui avoit quatre roues, avec un homme affis dedans, & traînée de même par une mouche; une chaîne de cuivre, longue de deux pouces, compofée de deux cens anneaux, qui, avec fon crochet, fon cadenat & fa clef, ne pefoit pas un grain; une table, un buffet, un miroir, douze chaifes, trois figures, &c. que l'on renfermoit dans un noyau de cérife.

Voilà d'admirables inutilités, & dans lefquelles fans doute l'ouvrier avoit employé toute la délicateffe & toute la perfection de fon art. *Baker* qui a préfenté au microfcope ces ouvrages futils, les a trouvés bien inférieurs à ceux de la nature. Le tranchant du rafoir étoit raboteux, inégal, plein de fillons. La pointe de l'aiguille étoit irréguliere, semée d'éminences, & de la largeur de plus de quatre lignes. Le linon parut semblable à une claie, & ses fils aussi grossiers que ces cables dont on se sert pour les vaisseaux. La dentelle étoit raboteuse, entortillée & sans art. La chaîne d'or, la chaîne de cuivre, la chaise d'ivoire, le cadenat, la clef, la table d'ivoire, le buffet, le miroir, les chaises & les petites figures, tout cela parut difforme & monstrueux. Sans le microscope, nous eussions constamment admiré ces chefs-d'œuvre de l'art, comme nous nous extasions encore devant nos mignatures. *Notre admiration, dit Baker, ne vient que de notre ignorance.*

Il n'en est pas de même des ouvrages de la nature ; quelque petitesse qu'elle leur ait donnée, ils ne perdent rien dans l'agrandissement des parties qu'ils éprouvent au microscope. L'aiguillon d'une abeille, & même le fourreau de cet aiguillon

guillon est par-tout d'un poli achevé, & d'une perfection qui étonne ; ces taches qui ont été semées sur les mouches, & en général sur les insectes, sont réguliérement circulaires, & les lignes qui les environnent gardent le parallelisme le plus exact. Les herbes, les mousses mêmes annoncent par-tout l'ordre, l'exactitude, la symétrie, les proportions, la justesse, enfin des richesses, & une harmonie qui marquent bien la grandeur du suprême ouvrier qui les a faites.

Telles sont à-peu-près les découvertes intéressantes que l'on doit à l'invention du microscope. Ce nombre prodigieux de petits êtres que nous voyons nager dans les infusions des graines & dans les liqueurs spermatiques des poissons & des autres animaux a fait éclore bien des systêmes. On a crû généralement que c'étoient des animaux parfaits logés dans les graines que l'on fait infuser, ou de vrais habitans des eaux. Il y a eû des Philosophes qui ont imaginé que des œufs d'une petitesse extrême sont disséminés dans l'air, & qu'ils descendent de l'atmosphére dans les liqueurs que l'on soumet à l'examen du microscope. *Baker* a pensé qu'une foule de petites mouches invisibles apportent leurs œufs dans les fluides, où elles trouvent une nourriture convenable. M. *de Buffon* a trouvé dans ces êtres un mouvement différent de celui des animaux ; leur queue lui a paru trompeuse & postiche ; ils n'ont point eû à ses yeux de forme constante & d'organisation décidée. Dès-lors M. *de Buffon* a retiré ces êtres de la classe des animaux, & le nom de ce grand homme a entraîné la plus grande partie des Physiciens dans son parti.

M. *de Needham* a fait ensuite des observations microscopiques qui viennent à l'appui de l'opinion du Philosophe François, mais qui étendent son système, qui l'amplifient, qui le développent. Ce sont ces mêmes observations qui ont occasionné la dissertation de M. l'Abbé *Spa-*

lanzani que j'ai traduite de l'Italien, & les notes qui y ont été ajoutées par M. de Needham.

Dans cet ouvrage, M. *Spalanzani* se plaint de ce que MM. *de Buffon* & *de Needham* travaillent à renouveller le système des *forces plastiques* qu'il regarde comme proscrit de la bonne Philosophie : il fait une description de la figure, de l'instinct, & des loix que suivent les petits corps qu'il a observés. Dans les infusions qu'il avoit préparées avec la graine de citrouille, il a vû ces petits êtres s'élancer, décrire dans l'eau tantôt une ligne droite, tantôt une ligne circulaire, pirouetter sur eux-mêmes, se jetter sur de petits morceaux de matiere comme pour les manger avec avidité, se poursuivre les uns les autres, s'atteindre & s'arrêter. Ils étoient tous transparens, & n'avoient point de pieds ; leur forme étoit ovale, leur bec crochu, & de petites vésicules rondes leur tenoient lieu de visceres. Ceux des infusions de camomille, de patience, de bled de Turquie & de froment avoient quelque légere différence. Jamais ces petits corps ne se heurtoient dans leur marche, malgré leur nombre & leur vîtesse, & souvent ils nageoient contre le courant de l'eau ; mais cette eau venoit-elle à leur manquer, ils s'agitoient, rallentissoient leur mouvement, s'arrêtoient, & on les voyoit expirer

M. *Spalanzani* conclut de-là que ce sont ici des animalcules aquatiques qui ont un mouvement régulier, produit par un principe intérieur & spontané, & il les place dans la classe des animaux.

Ces animalcules demandent un certain dégré de chaleur pour éclore ; une fois nés, ils bravent les rigueurs du froid, à moins qu'il ne soit excessif.

Notre Auteur a soupçonné que la production de ces êtres pouvoit dépendre de l'état de la végétation ; & pour parvenir à le connoître, il a pris le parti de concasser, ou de broyer les graines qu'il faifoit infufer, & de préparer en même-tems des infufions avec des graines qu'il laiffoit entieres; fçavoir celles de chénevis, de lin, de haricots. Il a eu dans les unes des animaux bien formés, & dans les autres des animaux difformes. Mais lorfqu'il a broyé les graines jufqu'à les réduire en farine, celle de froment, dont il a pris la partie animale, ou gélatineufe, a été la feule qui lui a donné des animaux. Ainfi ce procédé lui a appris que lorfqu'on arrête la végétation, on peut quelquefois altérer la production, mais qu'on ne la détruit pas toûjours. Un autre procédé lui a fait voir qu'en accélérant la végétation, on peut de même avancer la production; car la naiffance des animaux fuit toûjours d'un pas égal la lenteur ou les progrès de la végétation.

Le fameux paffage du végétal à l'animal, & le retour de l'animal au végétal eft ici examiné avec beaucoup de fcrupule. M. *Spalanzani* a répété avec le plus grand foin les expériences délicates qui avoient été faites par M. *de Needham* avec des grains d'orge ou de froment macérés dans l'eau pendant quelques jours. Il a vû comme lui des ramifications très-déliées, fans interrompre le cours de la végétation. Leur forme étoit prefque cylindrique, & elles avoient à l'extrêmité une groffeur d'une certaine tranfparence autour de laquelle de petits corps ont paru s'animer.

Des graines qu'il a laiffées dans la terre pendant quelques jours, & dont il a coupé les premieres racines, lui ont donné un tiffu de fibres longitudinales, & un duvet dans toute la longueur de la racine; ce duvet étoit compofé de petits rameaux qui pouffoient fort au loin leurs branches, avec des directions différentes, & au bout une groffeur tranfparente. Le lendemain on a vû au-deffus une vapeur épaiffe qui n'étoit qu'un amas de fils extrêmement déliés, & entrelacés de mille manieres. Les jours fuivans il y a eû une infinité d'animaux.

Cette expérience, variée adroitement par un Obſervateur habile, lui a toûjours donné des réſultats à-peu-près ſemblables. Il a eû le plaiſir de ſuivre la nature pas à pas dans la formation des petits êtres animés, & d'obſerver tous les efforts que faiſoient ces corps pour briſer leur enveloppe & nager dans le fluide. Mais tous les phénomenes que la nature a mis ſous ſes yeux n'ont point pû, dit-il, le porter à adopter cette propoſition, *qu'un végétal ſe convertit en animal.*

Le retour de l'animal en végétal paroît de même à M. *Spalanzani* un miracle dans la nature, qui a pour lui tout l'air de la nouveauté. Pour l'obſerver, il a retiré de la liqueur les germes des graines après qu'ils lui ont donné une abondance d'animaux, & il a enlevé avec eux le duvet qui s'y étoit formé. Il a attendu alors la transformation de ſes animaux en plantes; l'eau ne leur a jamais manqué; ils ont eû de même toute la nourriture néceſſaire, mais bientôt leur nombre a diminué ; il en a vû ſur la liqueur quelques-uns qui étoient morts : enfin ils ont tous diſparu ſans qu'il ait pû ſçavoir au juſte ce que toute cette population étoit devenue.

Une particularité qui l'a frappé, ç'a été que quand une eſpéce a commencé à s'éteindre, une autre colonie, mais compoſée d'animalcules infiniment plus petits, lui a ſuccédé, & a ſubſiſté environ une quinzaine de jours. On en voyoit un nombre prodigieux ; tous ces individus étoient ſi petits qu'il a été abſolument impoſſible d'en diſtinguer les formes. Aucun végétal n'a paru, & au lieu d'en tirer une conféquence favorable à ſon opinion, notre Obſervateur ſe tait par reſpect pour M. *de Needham*.

Il ne reſtoit plus à notre Philoſophe qu'à prendre tous les moyens imaginables pour s'aſſurer que les animalcules microſcopiques ne naiſſent point des œufs que certains Philoſophes placent dans l'atmosphére & dans les corps : il a fait là-dessus les expériences les plus décisives, tantôt en prenant des viandes cuites & rôties; tantôt en faisant bouillir les légumes pendant une heure & demie. Il devoit résulter de ces épreuves que si une légere ébullition suffit pour détruire le germe des gros œufs, épaissir leur fluide & le durcir, ce dégré de chaleur devoit, à plus forte raison, donner la mort aux petits individus renfermés dans ces prétendus œufs; cependant ces chairs & ces légumes lui ont donné des animaux fort vifs qui n'avoient rien de gêné dans leurs mouvemens; il a même trouvé dans l'infusion de la graine de trefle bouillie plusieurs anguilles d'une fort belle forme, qui étoient toutes semées de globules brillans, & beaucoup plus grandes que celles du vinaigre.

Pour ôter tout prétexte du côté de l'air que l'on suppose déposer des œufs dans les infusions, M. *Spalanzani* a exposé ses vases à l'action du feu ; il les a fermé exactement, ou il les a mis dans le vuide de la machine pneumatique. Ses vases fermés hermétiquement ont eû des animaux dans les infusions qui avoient éprouvé l'action du feu, ou qui avoient été faites à froid ; mais il observe que si l'air contenu dans les vases a été fortement échauffé, il ne permettra jamais aux animaux de paroître, à moins qu'un nouvel air n'y soit apporté du déhors. Enfin, il pense qu'il est indispensable, pour la production des animalcules microscopiques, que l'air des vases dans lesquels on fait infuser les substances n'ait point senti l'action du feu.

Voilà ce qui a donné matiere aux notes de M. *de Needham* ; on connoît déja en Europe le système de cet homme célebre, & il est bon d'y revenir plus d'une fois pour le bien connoître. Son opinion paroît au premier aspect hérissée de difficultés, ou accompagnée de conséquences dangereuses ; mais pour quiconque veut l'approfondir, le Matérialiste n'y gagne rien, & le Philosophe y gagne beaucoup. M. *de Needham* a des vûës étendues & sages ; il voit les choses en grand, & il les rapporte toûjours à une intelligence suprême. Son principe sur la vitalité lui a déja fait des ennemis qui ne l'ont pas entendu, peut-être il lui fera un jour des partisans lorsqu'on voudra l'entendre. L'attraction de *Newton* n'a-t-elle pas trouvé des contradictions dans les écoles ? Aujourd'hui le mot d'attraction se prononce dans toutes les chaires de l'Europe. Le tems nous réconcilie aisément avec les choses qui nous ont révolté, parce qu'il nous familiarise avec elles, & nous apprend à les connoître.

Je crois du moins qu'on lira avec plaisir ce que M. *de Needham* a pensé de la formation des courans & des montagnes. Ces deux objets sont intéressans, & il les a vûs en Physicien éclairé & profond. Son voyage sur les Alpes peut de même être fort utile par la mesure de leurs hauteurs comparées avec celles des Cordeliers. Je ne parle point de ce qu'il raconte de quelques arbustes auxquels les Chinois & les Espagnols attribuent des propriétés singuliéres. M. *de Needham* n'a point d'opinion à ce sujet ; il ne fait que raconter ce qu'il en a appris. Pour sa nouvelle théorie de la terre, c'est une opinion qui lui appartient, & qui peut-être réconciliera bien des Philosophes avec la chronologie de Moyse.

Il n'est pas nécessaire que j'invite les Philosophes à lire cet ouvrage : l'importance de la matiere fixera bientôt leur attention. Mais, je le répéte, il faut y revenir plus d'une fois. M. *de Needham* pense avec force ; il est Anglois, &, en écrivant, il consulte plus la chose que l'expression. D'ailleurs ses vuës philosophiques ne sont ici jettées que comme au hasard & sans ordre, même sans trop courir après les graces du style & les ornemens du discours. Dès-lors il faut une main habile pour les recueillir où elles se trouvent & les présenter à l'esprit avec la méthode & la clarté qui leur manquent dans cette collection. Au reste ces richesses n'en existent pas moins aux yeux de ceux qui pensent ; c'est pour eux que M. *de Needham* écrit ; il est même étonnant qu'un Anglois ait pû s'exprimer avec tant de facilité dans une langue qui lui est étrangère.

Je ne m'arrêterai pas ici sur ce que M. *de Needham* nous dit des êtres microscopiques auxquels il ne veut pas que nous donnions la qualité d'animaux : son opinion doit être connue. J'observerai seulement que l'emploi qu'il donne à la force végétatrice, ou végétative, dans la production de ces corps organiques, regarde moins la végétation ordinaire des plantes, que l'état actuel de la substance que l'on tient en macération & qui s'y dépouille de tous ses principes. C'est par cette action que devenant, selon lui, une espéce de glu filamenteuse, elle acquiert la propriété de végéter en branches vitales, & de se diviser en corps animés, ou globules mouvans. On ne les y voit jamais paroître, ces globules, que la substance infusée n'ait été réduite en matiere glutineuse, & on cesse de les y voir aussi-tôt qu'elle s'épuise par l'action continuée de cette force végétative & intérieure qui la pénétre dans tous ses points. C'est par un effet fort naturel de cette même action que les corps microscopiques paroissent avoir des générations successives. L'Observateur, peu attentif, se figure que ce sont des milliers d'animaux dont les infusions fourmillent, & que les germes y sont inépuisables ; il crie au miracle ; mais ce n'est pas dans cette prétendue fécondité que le miracle réside ; c'est dans la seule division des points de la matiere à laquelle la force expansive a fait éprouver successivement des dégrés d'atténuation, jusqu'à ce qu'elle rentre dans ses premiers élémens. Aussi M. *de Saussure* a-t-il remarqué avec beaucoup de sagacité que ces êtres microfcopiques ne fe propagent pas, ne s'engendrent pas, mais qu'ils ne font que fe divifer ; & M. *de Needham* qui ne les a jamais vû mourir d'une mort naturelle, conduit cette divifion jufqu'à une difparition totale de la multitude, c'eſt-à-dire jufqu'au moment où la fubftance macérée devient un vrai *caput mortuum* qui ne produit plus rien d'animé. Telle eſt l'eau de la Tamife qui fe corrompt & fe purifie jufqu'à fept fois dans les voyages de long cours ; c'eſt-à-dire que l'on y voit fept générations d'êtres vitaux qu'opére la végétation des fubftances organiques qui fe trouvent mêlées dans cette eau, & qui enfin s'épuifent en atteignant une divifion qui les méne jufqu'aux premiers principes de la matiere.

On doit s'appercevoir que tout ceci fe fent un peu des monades de *Leibnitz* ; auffi M. *de Needham* fe donne-t-il pour Leibnitien. Il veut que la matiere fe réduife à des êtres fimples qui fe combinent, & produifent par leur action &

leur réaction fur nos organes toutes les idées qui proviennent des objets fenfibles, & même les idées les plus générales, comme celles que nous avons de l'étendue, de la figure, de la divifibilité, &c.

Il y a, fuivant M. *de Needham*, deux efpéces d'êtres fimples ; l'un eft un être mouvant, l'autre un être réfiftant ; c'eft de leur union, & de la variété infinie de leurs combinaifons dans toutes les proportions poffibles que naît la collection générale des êtres, depuis la maffe la plus brute jufqu'à la matiere la plus exaltée, même le fluide lumineux & le feu élémentaire ; & comme ces êtres font matériels, quoique fimples, il eft en droit d'appeller leur union une collection matérielle, un compofé matériel. Il eft même porté à croire que l'être réfiftant, ou, fi l'on veut, la réfiftance, n'eft autre chofe qu'une moindre activité, une efpéce de négation, mais qu'il n'y a là-dedans rien de pofitif proprement dit.

Nous

Nous aurons donc une échelle d'êtres simples matériels que l'on pourra se repréſenter comme plus & plus actifs, depuis le moins actif qui ſera le dernier, juſqu'au plus actif qui ſera le premier.

Il eſt aiſé de concevoir par ce moyen que le phénomene de la réſiſtance ne peut être dû qu'à une combinaiſon de cette eſpéce. Toutes les fois que deux êtres ſe rencontrent avec des dégrés d'activité différens, la moindre activité de l'un eſt conſtamment abſorbée par la plus grande activité de l'autre ; ainſi c'eſt toûjours aux dépens de l'un que l'autre ſe rend plus actif & exalté. Tel un cheval qui tire une maſſe peſante, communique à cette maſſe une partie de ſa force & perd ce qu'il communique.

Il eſt néceſſaire de bien entendre ces choſes pour ſuivre M. *de Needham* lorſqu'il entre dans la claſſe de la vitalité, & qu'il parcourt tous les dégrés poſſibles que l'on remarque dans les tempéramens des corps organiſés végétaux,

Part. I. d

de ceux qui font fimplement vitaux & même des animaux. La vitalité qu'il fait confifter dans une exaltation de la force végétative n'eft point fenfibilité dans aucun fens, mais elle fuppofe la premiere claffe des êtres fimples dont elle eft compofée ; la fenfibilité fait la feconde, l'intelligence la troifième, & ainfi de fuite, en s'élevant depuis l'homme jufqu'aux efprits céleftes. Dans l'état préfent des chofes, la vitalité, ou l'organifation parfaitement vitale, eft également néceffaire à l'être fimple, fenfitif & à l'être intelligent, refferré dans un corps mortel.

M. *de Needham* ajoûte que fon principe de vitalité, qu'il appelle un principe compofé, matériel, & deftitué de fenfation, doit s'étendre à tous les êtres qui fe multiplient par divifion, comme font les êtres microfcopiques, mais que l'être fenfitif, fimple & immatériel, c'eft-à-dire fans fpiritualité & fans intelligence, eft celui qui ne fe partage pas, & qui ceffe lorfque l'organifation fe diffout ;

PRÉLIMINAIRE. lj

cependant M. *de Needham* permet, en nouveau *Pythagore*, que cet être passe successivement d'un corps dans un autre, & se perpétue par une sorte de métempsycose.

Ce système doit paroître ingénieux. M. *de Needham* n'a imaginé ceux qu'il nous donne qu'en fouillant dans toutes les profondeurs de la Physique, & même de la Métaphysique la plus abstraite : c'est peut-être cette Métaphysique qui effarouche, ou qui rend les avenues de la chose plus difficiles. Mais elle est commune à tous les grands systêmes. Ne faut-il pas être Métaphysicien avec *Descartes*, *Leibnitz* & *Newton* ? Ces grands hommes commencent tous par la matiere, & sont forcés de finir par l'insensible & par des puissances données à la matiere.

M. *de Needham* se renferme dans le même retranchement, autant pour sa force expansive *, que pour sa force vé-

* Il y a chez le Sieur *Pasquier*, rue Saint

gétative. Il donne à l'une le foin de former des isles & des montagnes, & il la rend responsable du renversement de nos villes dans les secousses qu'éprouve la terre. L'autre est chargée de l'emploi d'animer tous les points de la matiere, de purifier les parties exaltées, de les

Jacques, une Carte mathématique, physique & politique, tirée des observations de M. *Buache*, avec une brochure qui lui sert d'éclaircissement. On y voit la terre sortie par dégrés de dessous les eaux. Dans la première vuë, ce sont simplement quatre plateaux; le premier en Asie, au mont Ararat, dans l'endroit où *Moyse* place le premier homme; le second en Afrique; le troisième dans l'Amérique septentrionale, & le quatrième dans l'Amérique méridionale : l'Europe est encore sous les eaux. Dans la seconde vuë on découvre la grande chaîne des montagnes qui investissent la terre, & dont le pied s'étend par les bas-fonds & les isles à travers les mers. Dans la troisième, on distingue les petites chaînes des montagnes, & dans la quatrième, les différentes parties des Continens. Cette Carte répand un grand jour sur la seconde partie de cet ouvrage. Elle a été gravée par le Sr *Louis Denys*.

PRÉLIMINAIRE. liij

détacher de la matiere brute fous la forme d'êtres vitaux *, d'agir dans nous indépendamment de nous-mêmes, d'y former jufqu'à nos paffions, nos tempéramens & nos goûts, & d'avoir même préfidé à la formation de la premiere femme.

Voilà des fonctions bien étendues ; mais devons-nous les adopter fans examen ? C'eft ce que je n'ofe prefcrire. On fent bien qu'il ne s'agit ici que d'un fyftême, & que tout fyftême n'enléve pas néceffairement les fuffrages. La nature ne nous trompe jamais fur les effets ; ce font toûjours les caufes qui nous égarent. Peut-être que la Divinité, qui a fi bien caché le jeu de la grande machine

---

* M. *de Needham* lui attribue auffi les infectes qui font dans les matieres purulentes. Le Docteur *Bononio* & *Baker* ont donc pris ici l'effet pour la caufe ; ils ont crû que ces animaux à fix pattes qui reffemblent à une tortue, & que *Bononio* a découverts avec le microfcope dans les puftules d'une peau fcabieufe, caufoient & communiquoient cette maladie.

de l'univers, s'amuse des efforts que nous faisons pour en connoître les ressorts secrets, & rit de nos erreurs. Mais erreur ou vérité, cela nous occupe, & nous y mettons de l'importance. *Tradidit Deus mundum disputationi hominum* *.

* On raconte qu'un grand terrein, situé près de Mâcon, sur le penchant d'une montagne, a été transporté il y a quelque tems sur un terrein voisin avec les maisons & les arbres, & qu'au-dessous on a trouvé une carrière de marbre. *Cambden* fait mention d'un événement semblable arrivé en Angleterre. M. *de Needham* en tire des inductions favorables à sa théorie de la terre, conformément aux altérations physiques qui s'opèrent continuellement dans l'intérieur du globe : la formation de cette carrière a produit, selon lui, un gonflement qui a fait glisser les terres. Il invite les Lecteurs à ne pas prononcer sur la premiere partie de cet ouvrage, sans avoir auparavant jetté les yeux sur ses nouvelles observations microscopiques, imprimées en 1750, chez *Ganeau*, à Paris. Ils y trouveront des choses très-propres à donner l'intelligence de son systême.

ERRATA.

Il seroit bon de jetter l'œil sur cet Errata *avant que d'entreprendre la lecture de l'Ouvrage, & de corriger soi-même les fautes qui ont échappé dans l'impression.*

Part. I, pag. 81, lig. 19 & 27. Boîte, *lis.* boëte.
Pag. 103, lig. 7. De produire, *lis.* de se produire.
Pag. 144, lig. 13. Et qui vient, *lis.* & qu'il vient.
    Ib. lig. 26. Par les phénomenes, *lis.* les phénomenes.
    Ib. lig. 28. Par la divisibilité, *lis.* la divisibilité.
    Ib. lig. 30. Par la formation, *lis.* la formation.
Pag. 145, lig. 1. De déhors, *lis.* du déhors.
    Ib. lig. 23. Conséquemment, *lis.* qui conséquemment.
    Ib. lig. 25. Qui fait sortir, *lis.* fait sortir.
Pag. 149, lig. 12. De tous les êtres, *lis.* de tant d'êtres.
Pag. 151, lig. 14. Sans jamais rester, *lis.* sans rester long-tems.
Pag. 155, lig. 11. Coreaux, *lis.* coraux.
Pag. 157, lig. 20. D'un corps étranger assemblé en déhors, attiré, distribué, & arrangé, *lis.* d'un corps étranger dont les parties sont assemblées en déhors, attirées, distribuées, & arrangées.
    Ib. lig. 30. Ce que j'ai remarqué moi-même parfaitement, *lis.* ce que j'ai remarqué moi-même être parfaitement.
Pag. 158, lig. 5. Est celui, *lis.* n'est celui.
Pag. 161, lig. 18. Et déposés comme des œufs, *lis.* & déposés comme des semences.
Pag. 171, lig. 28. Je crois qae, *lis.* je crois que.
Pag. 177, lig. 3. Il aura vû, *lis.* il auroit vû.
    Ib. lig. 4. Il aura remarqué, *lis.* Il auroit remarqué.
Pag. 180, lig. 23. Ou ténuité, *lis.* ou continuité.
    Ib. lig. 28. Donc, *lis.* dont.
Pag. 186, lig. 26. Ou que je n'aie sçu pas prendre, *lis.* ou que je n'aie pas sçu prendre.
Pag. 201, lig. 13. Comme vraiment génératives, *lisez* comme vraiment générative.

Pag. 205, lig. 1. Elaſtique, *liſ.* électrique.
Pag. 209, lig. 3. Et même ſans, *liſ.* & ſans.
  Ib. lig. 18. Total, *liſ.* local.
  Ib. lig. 30. Total, *liſ.* local.
Pag. 210, lig. 5. Total, *liſ.* local.
Pag. 244, lig. 11. Peut l'expliquer, *liſ.* peut s'expliquer.
  Ib. lig. 26. Semblabe, *liſ.* ſemblable.
Pag. 246, lig. 28. En en ſerrant, *liſ.* en ſerrant.
Pag. 250, lig. 3. Du pays, *liſ.* de notre pays.

NOUVELLES RECHERCHES

SUR LES ÊTRES MICROSCOPIQUES,

ET SUR LA GÉNÉRATION DES CORPS ORGANISÉS.

CHAPITRE PREMIER.

État de la Question.

LE fameux syſtême de ces forces, auxquelles leur étymologie grecque & fort ancienne a fait donner le nom de *forces plaſtiques*, a été ſi univerſellement combattu dans les Ecoles de la Phyſique moderne, qu'il ſembloit ne devoir plus ſe montrer nulle part; il y avoit d'autant plus lieu de le préſumer, que l'opinion des *Ovipares* & des *Vivipares* s'eſt fait en Europe

A

un grand nombre de partifans parmi les Phyſiciens les plus célebres & les plus fenſés. On en trouve une preuve fenfible dans cette foule d'écrits admirables, que nous ont laiſſés les grands hommes qu'éclairoit l'expérience; leur but principal eſt de nous montrer que toutes les fubſtances vivantes naiſſent d'un œuf; qu'après avoir été reſſerrées étroitement dans cette écorce, elles ne cherchent plus qu'à fe dégager & à fe développer fucceſſivement; enfin que c'eſt par ce méchaniſme que chacune d'elles paroît chargée du foin de maintenir & de propager fa propre eſpece.

Tel eſt le fyſtême adopté par les Savans, pour nous expliquer d'une maniere fatisfaifante le grand Ouvrage de la Génération, fans être dans le cas de recourir aux *forces plaſtiques*; ils les rejettent, ces forces, comme abfolument inutiles & inefficaces, indépendamment de l'obſcurité qui en eſt inféparable. Pour moi, je fuis fortement perfuadé qu'aujourd'hui même on les rejetteroit encore avec autant de répugnance que d'éloignement, & que le fyſtême des *Ovipares* fe feroit maintenu dans toute fa fplendeur & tout fon luſtre, fi deux Académiciens célebres, MM. *de Needham* & *de Buffon*, ne fe fuſſent pas réunis pour le combattre par de nouveaux argumens: il femble qu'ils aient voulu donner une seconde vie à ces *forces plastiques* qui étoient dans l'oubli, & qu'ils aient formé le dessein de leur rendre leur premier éclat. Je conviens que l'on ne trouve nulle part dans leurs écrits le nom de *force plastique*; ils ne se sont servis que de celui de force *active*, où vraiment *végétatrice*; mais en pesant bien toutes leurs expressions, & en faisant attention à l'emploi qu'ils donnent à cette force, il est évident que c'est au fonds le même que celui dont les Anciens avoient chargé les *forces plastiques*, & que nos deux Physiciens modernes ne font que prêter un nouveau nom à une opinion ancienne & connue.

Il y a vraiment en cela un art admirable; c'étoit sans doute pour ne point trop effrayer les Physiciens qui penchoient déja pour rejetter ces sortes de forces : mais nos Académiciens pouvoient bien penser que l'on ne manqueroit pas de s'appercevoir de la supercherie (1) à mesure que l'on avanceroit dans la lecture de l'Ouvrage : malgré cela ils se sont persuadé que le Lecteur, déja ébranlé & comme entraîné par la force du raisonnement, leur feroit aisément grace, & qu'à la vue des expériences citées en faveur de ces forces, on ne tarderoit pas à revenir de l'éloignement que l'on a pour elles.

Assurément, il faut convenir que ces deux

grands hommes ont bien faifi tous les moyens imaginables d'établir leur opinion, & de fe concilier le fuffrage des Philofophes de nos jours. Ces formes fe font embellies fous leur main : ils les ont ornées des obfervations les plus fages & des expériences les plus délicates. Les voilà donc portées à un tel point que leur exiftence, s'il eft vrai qu'elles en aient une, fera bien moins dûe à leurs premiers Inventeurs, qu'à ces deux hommes habiles.

Pour parvenir à prouver qu'il y a vraiment dans la matiere une force productrice pour ces êtres organifés, nos deux Auteurs commencent par jetter un coup d'œil fur le regne végétal & fur le regne animal. Ces changemens étonnans, ces formes variées, & ces combinaifons étranges que M. *de Buffon* a apperçues dans le petit ver fpermatique, il les attribue à une force intérieure qu'il fait agir fur chaque point de la matiere, & qui produit la variété infinie des molécules organiques. C'eft dans fon Hiftoire Naturelle des Animaux qu'il s'eft étendu fort au long fur cette matiere.

M. *de Needham* admet auffi cette force intérieure, & paffe en revue toutes les différentes formes que prennent les animalcules microfcopiques, qui paroiffent dans les infufions des végétaux. Comme mon principal deſſein, dans cet Ouvrage, eſt de m'étendre ſur l'opinion de cet Auteur, je crois, que pour répandre plus de jour ſur la queſtion, il ſeroit fort à propos de commencer par donner un précis clair & ſimple du ſyſtême qu'il s'eſt fait ſur la génération des corps vivans.

M. *de Needham* a parlé de cet étonnant phénomene avec beaucoup de clarté. Il commence par un examen des alimens dont ſe ſervent les animaux. Ce ſont en effet les alimens qui, par leur ſubſtance, fourniſſent à l'animal de quoi ſe développer & s'agrandir : notre Auteur en infere, comme une choſe fort probable, que lorſque les membres du corps ſe ſont une fois unis pour le développement de la matiere qui y eſt alors fort abondante, une eſpece de magiſtère la purifie fortement, la rectifie, convertit ſes parties les plus déliées en une ſubſtance ſéminale, & lui donne la faculté d'en produire de ſemblables dans ſon eſpece. Ces conduits ſécrétoires, ces canaux, ces vaſes préparatoires que l'on remarque dans les animaux, lui paroiſſent très-bien combinés, & d'une proportion bien meſurée pour digérer, filtrer, & diſpoſer les principes qui doivent produire ce nombre infini d'individus que l'on voit naître chaque jour. Le moment de leur production, eft celui où la liqueur fécondante du mâle ayant été portée dans la matrice d'un autre être de fon efpece, y a rencontré la liqueur féminale de la femelle : toutes deux alors s'uniffent, fe confondent à l'aide d'une force active, productrice, ou, comme on l'appelle, végétatrice, & s'arrangent d'une maniere admirable pour donner la forme convenable à un petit corps organifé & conforme à leur efpece. Tout cela fe fait de façon qu'il ne refte plus à cet individu que d'étendre & de développer enfuite fes organes.

M. *de Needham* attribue donc tout le méchanifme de la génération des êtres vivans à une force végétatrice qu'il dit exifter vraiment dans la nature, & qu'il préfente comme toujours prête à former, dans les circonftances, le tiffu des corps organifés ; il a même fait un fort grand Traité pour établir cette opinion par des obfervations microfcopiques fur différentes fubftances, prifes dans le regne végétal & le regne animal. D'abord il a fait infufer ces fubftances dans de l'eau commune, avant de les préfenter à la lentille d'un bon microfcope ; au bout d'un certain tems ces petits corps ont pris une nouvelle difpofition, un nouvel arrangement de parties ; ils ont paru comme autant de globules, ou de petites masses, que l'on a vues peu-à peu se gonfler, se mouvoir, s'agiter, donner des signes de vie, non équivoques ; enfin ils sont devenus évidemment des animalcules réels, qui se promenoient librement dans la liqueur. Lorsque l'on a tenu plus long-tems ces substances en infusion, leur nombre a augmenté prodigieusement, & souvent la goutte d'eau a présenté à l'œil un peuple innombrable. Ce n'est pas tout ; on y a distingué les filamens de la végétation, ou des ramifications bien formées, qui tantôt ressembloient à un collier de perles & montroient une espece de coralloïde microscopique, tantôt paroissoient comme tuméfiées dans différens points de leur longueur, les unes inégales, les autres entierement semblables, mais toutes ordinairement pourvues d'un principe intérieur de mouvement, par lequel celles-ci se portoient d'un lieu à un autre, tandis que celles-là ne faisoient que tourner circulairement & s'agiter sur elles-mêmes.

Or, ces changemens de forme qu'éprouve la matiere, ces mouvemens qui se font dans une partie d'elle-même, & que l'on démontre clairement, ne pouvant appartenir, ni à une fermentation intestine du fluide, ni à toute autre cause adventice, sont sans doute l'effet d'une force intérieure végétatrice, qui pénètre intimement toutes les fibres & tous les points de la matiere, la détermine à se modéler sur des formes nouvelles, à végéter & à recevoir un principe de mouvement & de vie.

Afin de pouvoir mieux nous convaincre que ces zoofites, ou plantes animales, ne tirent point leur origine des œufs qui auroient pû être déposés dans la liqueur par quelque insecte étranger, M. *de Needham* a porté le scrupule jusqu'à fermer, avec la plus grande exactitude, l'orifice des vases dont il s'est servi pour l'expérience ; & pour ne rien laisser absolument à desirer, il a employé le suc des viandes auxquelles il avoit fait subir la plus grande action du feu. Assurément la structure délicate de ces petites machines que l'on suppose renfermées dans les prétendus œufs, auroit dû alors souffrir quelque dérangement, & il semble qu'on ne devoit point s'attendre à les voir naître ; cependant, quelques jours après, les animalcules ont paru à l'ordinaire.

Voilà le système de M. *de Needham*, système qui a beaucoup de conformité avec celui de M. *de Buffon*. Mais les observations qu'il a faites & celles qu'il cite pour appuyer son opinion, n'ont pas fuffi pour lui gagner tous les fuffrages. Il a déplu particuliérement à un Ecrivain françois, dont l'Ouvrage a pour titre, *Lettres à un Amériquain*. Cependant les objections que fait cet Auteur anonyme, femblent moins annoncer dans lui un deffein formé d'approfondir la matiere, que l'envie de mettre en avant quelque queftion qui exerce nos Philofophes. Comme les obfervations & les expériences, faites à ce fujet, paroiffent donner plus de force & plus de vigueur à l'opinion de M. *de Needham*, je penfe que pour être en état de porter fur cette matiere un jugement affuré, on devroit en faire un nouvel examen. Si les découvertes que l'on cite, fe trouvent conformes à la vérité, elles ne ferviront qu'à donner un nouveau luftre à la réputation de notre admirable Phyficien : mais elles pourront au contraire porter des atteintes à fa gloire, fi on les trouve fauffes, incertaines, ou du moins équivoques.

Le Critique, fans fe jetter dans des détails, s'eft contenté de répandre des doutes fur quelques-uns des faits, & d'expliquer à fa maniere ceux dont il a bien voulu admettre la poffibilité. Dans plufieurs villes d'Italie, on a vu des partis formés contre l'opinion de M. *de Needham*; mais je ne crois pas que perfonne ait jamais songé à l'examiner par la voie de l'expérience. Le nom de l'illustre Anglois, & les cris qui se sont élevés de toutes parts, m'ont déterminé à chercher les moyens d'approfondir cette matiere qui est à la fois vaste & relevée : la nature s'est plû à la couvrir de son voile respectable, & dans tous les tems elle a excité l'admiration des hommes nés pour penser, autant qu'elle a sçu piquer leur curiosité. Voilà, si j'ose le dire, ce qui a donné un choc agréable à mes esprits, & a mis de l'ardeur dans mes recherches. D'ailleurs l'amitié de M. *de Needham* est devenue pour moi un motif assez puissant pour m'y engager : il m'a écrit à ce sujet les lettres les plus honnêtes, & m'a beaucoup invité à soumettre à l'expérience son système, qu'il convient lui-même avoir besoin de quelques éclaircissemens. J'ai regardé cette invitation, plutôt comme un effet de sa politesse ordinaire, que comme un besoin de la chose. D'autres Philosophes à qui la question a paru de même épineuse & obscure, ont aussi fait tous leurs efforts pour me porter à cette entreprise. Ce n'est pas que je me croye assez de lumieres pour répandre sur cet objet toute la clarté & toute l'évidence possibles : on ne me trouvera pas cette présomption ridicule : mais flatté de l'honneur de marquer mon dévouement à un aussi grand homme que M. *de Needham*, je donnerai volontiers au public les petites particularités que j'ai observées sur cette matiere : j'y ajouterai quelquefois, & autant que le sujet pourra le comporter, les réflexions qui me paroîtront les plus justes. Sur-tout je me tiendrai bien en garde contre cet esprit de système qui ne fait que conduire à l'erreur : mon guide sera celui qui mene à la vérité.

CHAPITRE II.

Description de la Figure, de l'Instinct & des loix que suivent les petits Corps que l'on apperçoit dans les infusions, d'où l'on infere qu'il y a dans eux un vrai principe d'animalité.

C'est une chose assez connue depuis fort long-tems, que si l'on fait infuser dans de l'eau des graines, des herbes, ou toute autre substance végétale, cette eau paroît se charger d'une infinité de petits animaux. L'instinct, les loix, & le caractere spécifique de ces individus sont toujours un phénomene qui n'a point encore été approfondi par nos Philosophes. Ceux qui en ont fait une étude particuliere, & à qui nous devons toute sorte de confiance, étoient cependant bien en état de nous donner une description exacte & complette de ces animalcules, mais ils se sont contentés de nous annoncer simplement leur existence : on diroit même qu'ils en ont fait une espece de mystere. D'autres, plus occupés du soin d'exagérer leurs observations & de les embellir, que de nous en rendre compte avec une certaine précision, ne nous ont donné que des choses déguisées, infideles & qui blessent la délicatesse de la Philosophie. Pour moi, dans le dessein où je suis de m'étendre fort au long sur cette petite race d'animaux, je veux y apporter toute l'exactitude possible, & exposer d'une maniere historique leur figure, leur instinct & les loix qu'ils suivent entr'eux. Que l'on n'attende point de moi une description détaillée de tout ce que j'ai observé pendant le cours de plus de trois ans de travail : ce seroit donner au public un Ouvrage trop volumineux. Je ferai un choix du petit nombre d'observations que je croirai les plus propres à mettre dans le plus grand jour les matieres que je veux traiter.

Les végétaux dont les infusions montrent à

nos yeux ces petits animaux vivans, font la graine (1) de citrouille, celles de petite camomille, de patience, de bled de Turquie, de grain & de froment ; & pour commencer par la premiere, voici quel eſt l'inſtinct & le caractere des animalcules que j'y apperçois. On les voit s'élancer en tout ſens ; décrire dans l'eau, tantôt une ligne droite, tantôt une ligne oblique ; quelquefois ſe mouvoir circulairement ; former comme des eſpeces de cernes & de pirouettes en tournant ſur eux-mêmes, & ſe jetter tous avec une égale avidité ſur les petits morceaux de matiere qu'ils rencontrent dans leur route.

Au commencement de l'infuſion la liqueur n'eſt pas fort chargée de matiere étrangere : mais peu de tems après elle en paroît toute remplie, parce que les petites particules des graines ſe détachent à meſure que l'eau les pénetre : peu-à-peu cette eau devient trouble, & prend, même à l'œil nud, une couleur cendrée. A l'aide du microſcope, cette eau montre une infinité de petits corps opâques & de figure irréguliere, qui errent çà & là, & dont le tiſſu des fibres prend, dans pluſieurs d'entr'eux, la figure d'une gaze légere. Si quelques-uns ſe mettent à la pourſuite de leurs camarades, bientôt ils les atteignent par une marche vive, s'arrêtent, tournent autour d'eux, & savent saisir une ouverture pour pénétrer dans le tissu de leur peau.

Dans une petite goutte de liqueur, qui devenoit une mer vaste pour ces êtres animés, on découvroit comme des especes d'isles flottantes, autour desquelles ils paroissoient s'attrouper. A en juger par l'œil, tous me semblerent ne point avoir de pieds : la forme extérieure de leur corps approchoit beaucoup de l'ovale, *Fig. 1. Pl. 1.* si l'on en excepte une extrêmité qui se terminoit en un bec crochu, ou pendant, dont ils se servoient toujours pour aller en avant. (2) Une transparence éclatante me procuroit les moyens de porter la vue au-dedans d'eux-mêmes, autant qu'il étoit possible, & d'y distinguer leurs visceres. Ces visceres ne sont qu'un amas de boules, ou de vésicules rondes & diaphanes que la nature n'a pas arrangées toutes d'une maniére égale. Dans les uns, c'est une couronne qui s'étend le long des extrêmités intérieures du corps, & qui laisse au milieu un vuide elliptique. Dans d'autres, ce sont des vésicules semées confusément sur un même plan, tandis que dans plusieurs d'entr'eux, elles paroissent amoncelées & comme unies ensemble. Chacun de ces animaux a une pellicule diaphane & légere, destinée à lui servir d'enveloppe & à déterminer le contour entier de son corps. Leur forme semble plate & comme écrasée : elle a même un tranchant aigu que j'ai distingué aisément dans les différens mouvemens que je leur ai vus faire.

Tels sont les animalcules que m'a donnés l'infusion de graine de citrouille. Souvent la liqueur en contenoit avec ceux-ci d'autres plus petits, dont les uns avoient une figure ronde & nageoient comme les premiers, sans plier leurs membres d'une maniere sensible : d'autres avoient une taille longue & déliée, & s'agitoient beaucoup pour prendre la nage du serpent. *Fig. 2. Pl. 1.*

Quant à ceux que j'ai découverts dans l'infusion de petite camomille, ils avoient en partie les caracteres des plus grands d'entre ceux que l'on trouve dans la citrouille, & en différoient de même par d'autres caracteres : leur bec ne se terminoit pas en pointe comme le leur, mais plutôt en rond, semblable à-peu-près par l'extrêmité, à celui d'un canard ou d'une oie. *Fig. 3. Pl. 1.* Non-seulement leur corps avoit plus de volume, mais il étoit encore parsemé d'une plus grande quantité de globules transparens : quelques-uns même en étoient entierement couverts. (3) Rien de plus curieux que leur maniere de se mouvoir : tantôt c'est une marche précipitée en ligne droite, sans courber le contour du corps : tantôt c'est un mouvement double : avec l'un ils se portent directement en avant : avec l'autre ils tournent sur eux-mêmes, comme sur un centre. Telle une boule d'ivoire, pressée adroitement avec le bout du doigt, forme un cercle autour d'elle-même sur un plan horisontal.

Dans les différentes situations que prenoient ces petits animaux, j'ai eu occasion de m'appercevoir qu'ils étoient encore plus gros & plus vigoureux que ceux qui s'étoient présentés à mes yeux les premiers : aussi leur ai-je trouvé moins de diaphanéité ; & comme il me restoit quelque soupçon que cela pouvoit aussi provenir de la nature du fluide qui paroissoit tant soit peu noirâtre, pour m'en éclaircir, j'ai jetté dessus une petite goutte d'eau claire ; mais bientôt les animaux qui s'y sont plongés, m'ont fait comprendre, par leur peu de transparence, que je m'étois bien trompé dans mes conjectures.

Ceux-ci, ainsi que les autres, avoient le singulier instinct de se réunir & de se rassembler vers une matiere séminale dispersée çà & là dans plusieurs endroits de l'infusion, *Fig. 4. Pl. 1*: de maniere qu'ils tournoient tout au tour, & y sautilloient comme dans un endroit où ils se plaisoient beaucoup, sans paroître nullement se soucier de se transporter ailleurs. J'ai donné à la liqueur

des

des secouses légeres, & j'ai vû très-sensiblement que nos petits animaux n'alloient dans cet endroit que pour y prendre quelques sucs nourriciers, ou toute autre substance.

Mais jettons encore un petit coup d'œil sur ce que j'ai apperçu dans l'infusion de patience. Outre quelques animalcules, assez rares néanmoins, auxquels j'ai trouvé une espece de figure réguliere, & qui ressembloient assez à ceux de la camomille, il s'y en est rencontré qui avoient environ un tiers de moins que ceux de la graine de citrouille; ils étoient de la forme d'un ovale un peu allongé, & rétrecis dans les deux extrêmités opposées. Leur corps étoit rempli des vésicules ordinaires, fort transparentes, & leur couleur approchoit beaucoup de celle de la nacre de perle, mais avec des nuances variées, suivant la différente intensité de la lumiere. J'ai observé que leur vélocité s'accroissoit considérablement avec le tems, de maniere qu'après avoir pris au commencement une marche tranquille, (4) sans cependant jamais s'arrêter, l'accélération de leur course se portoit ensuite jusqu'à la rapidité, & étoit quelquefois interrompue par des intervalles de rallentissement. On ne les voyoit gueres s'arrêter sur le champ: mais après quelques instans de lenteur, ils reprenoient leur premiere vîteſſe, & l'on peut dire que lorſqu'ils ſe remuoient, ils n'avoient point d'autre façon de marcher (5) que de courir.

Il nous reſte maintenant à faire mention des trois, ou plutôt des deux dernieres infuſions, puiſque l'on mêla le bled de Turquie avec le froment dans un même verre. Ceci me donna en même tems trois eſpeces d'animaux qui avoient en partie pour moi tout l'air de la nouveauté. Quelques-uns étoient ronds, & en même tems très-petits ; communément on en voyoit qui étoient ovales & un peu plus forts ; les plus grands de tous avoient le corps allongé : la marche des premiers étoit lente & pénible, tandis que les ſeconds, à l'aide d'un ſautillement léger, ſe tranſportoient par-tout où bon leur ſembloit, à-peu-près comme ces inſectes que l'on voit ſe courber en forme d'arc, pour s'élancer d'un lieu à un autre. Leur marche avoit cela de particulier, que tantôt elle étoit très-accélérée, tantôt fort lente. J'ai eu le plaiſir de remarquer qu'après avoir marché un peu, ſans ſe plier en aucune maniere, ils faiſoient de tems en tems volte-face, & reprenoient leur route comme auparavant. Le dedans de leur corps étoit parſemé des globules ordinaires, mais bien plus petits que les autres, plus brillans & comme argentins. La partie antérieure qui, suivant les différentes réverbérations de la lumiere, se montroit tantôt éclatante, tantôt obscure, avoit une forme ronde, *Fig. 5. Pl. 2.* à-peu-près comme une tête d'épingle & un peu plus large que le reste du corps : leur volume s'agrandissoit, avec une juste proportion, jusqu'à un point marqué : ensuite se rétrecissant de nouveau & par degrés, il se terminoit en une pointe très-fine. En fixant l'œil avec une certaine attention, on distinguoit en dedans un petit canal, ou tube blanc, qui s'étendoit dans toute leur longueur. J'ai soupçonné que ce canal pouvoit être destiné chez eux à contenir les alimens, parce qu'il ressemble fort à celui que l'on trouve dans les vers ronds des hommes & des veaux.

Venons aux animaux que donne le bled : mais avant que d'en parler, que l'on me permette de placer ici une expérience que j'ai faite sur eux & sur ceux de plusieurs autres infusions. Nous voyons, autant qu'il est permis à l'œil d'en juger, que la structure méchanique de leur corps consiste dans un amas de boules ou globules brillans, revêtus en dehors d'une pellicule mince & transparente. Pour soumettre ces globules mystérieux à un examen plus rigide, il me vint dans l'esprit de leur arracher, ou de déchirer cette même pellicule qui leur sert d'enveloppe, de maniere que je pusse avoir la liberté de les considérer séparément dépouillés & mis à nud. L'urine fut le moyen qui me parut le plus propre pour y parvenir. J'en jettai quelques gouttes sur l'eau de l'infusion. A l'instant mes animaux devinrent mous & appésantis: ils cesserent de courir dans la liqueur, & tous périrent (6) avec des convulsions étranges. Peu après leur enveloppe commença insensiblement à disparoître, & se trouva à la fin entierement dissoute. Alors chaque animal ne présenta plus qu'un amas de petits grains sortis de leur gousse & que l'on distinguoit avec plus de clarté, quoique leur extrême ténuité dérobât entierement au microscope le tissu intérieur de leurs parties.

Ce phénomene s'est montré dans tous les animaux sur lesquels j'ai fait cette expérience, mais il s'est manifesté d'une maniere bien plus sensible dans ceux qui avoient plus de volume. J'ai donc employé l'épreuve de l'urine pour les plus grands d'entre les animaux que j'avois vûs dans l'infusion du bled, & j'ai été très-attentif à bien saisir ce qui alloit se passer : j'ai découvert que les animaux, réduits alors au point d'expirer, rapprochoient les deux extrêmités opposées, & formoient une ligne circulaire ; les uns se reploient sur eux-mêmes, & se tenoient tout récoquillés ; les autres devenoient secs & maigres ; & au milieu de toutes ces métamorphoses, j'ai vû leur volume s'élargir & prendre à-peu-près la figure d'une feuille fort mince. Mais une découverte que je regarde comme nouvelle, est cette couronne de filets, *Fig. 6. Pl. 2.* ou de petits points allongés qui bordoit, comme un ourlet, leur circonférence extérieure. Ces petits points divergoient entr'eux à mesure qu'ils s'éloignoient, semblables à des rayons qui vont du centre à la circonférence, & chacun avoit un mouvement fort rapide, qui occasionnoit une légere agitation dans le fluide ; & ce mouvement, dont ils étoient pourvus, ne duroit souvent dans eux qu'autant que les sels corrosifs de l'urine avoient dérangé l'organisation naturelle de l'animal.

C'est à l'aide de ces filamens que j'ai distingué fort aisément tous ces animaux, lorsqu'ils voyageoient dans le fluide, comme dans leur élément naturel ; car sans ce secours, la rapidité de leur course ne m'auroit pas permis de les observer. Que ces filamens fassent ici les fonctions de pieds pour aider ces animaux à marcher, ou qu'ils soient destinés à d'autres usages, c'est ce que je n'ose pas décider, & que l'expérience ne m'a pas encore permis de connoître. Je comprends moins encore de quelle utilité peuvent être ces petites boules, ou globules brillans, dont la nature a pourvu abondamment toute la race de ces animalcules microscopiques. Les uns & les autres ont été sans doute destinés à quelque chose de grand, puisqu'ils sont l'ouvrage de la nature, ou plutôt de Dieu même, qui n'opére que des prodiges ; mais quelle que soit cette destination, je conviens ingénuement qu'elle m'est inconnue. J'abandonne cette matiere à ces génies profonds qui ont pénétré plus avant que moi, dans l'étude de la nature.

En voilà assez pour ce qui concerne la forme & le méchanisme des organes de nos animaux microscopiques. Je veux actuellement ajouter quelque chose à ce que j'ai dit de leur instinct & de leurs usages, afin de pouvoir en tirer les conséquences qui me paroîtront les plus justes, & terminer par-là ce Chapitre.

J'ai dit que le propre de ces animaux étoit de s'élancer avec avidité sur les petites parcelles qui se détachent lentement des semences dans les infusions. Mais on remarque outre cela une particularité qui n'est pas à négliger : c'est que ces animaux savent se détourner avec beaucoup d'adresse des obstacles qu'ils rencontrent, &

même s'éviter entr'eux. J'en ai vû des centaines, renfermés dans le plus petit espace, se mouvoir à l'ordinaire, & ne jamais se heurter l'un l'autre en marchant. Souvent même il leur arrivoit de changer brusquement de direction, ou d'en prendre une diamétralement opposée à celle qu'ils avoient prise d'abord ; cependant je ne me suis jamais apperçu, du moins d'une maniere sensible, qu'ils aient été donner de la tête contre les corps qui se trouvoient sur leur route. J'ai plié la petite lame de verre qui soutient la goutte d'eau de l'infusion, afin de faire descendre la liqueur dans cette courbure ; & je les ai vûs alors descendre vers le fond, mais sans être plus gênés dans leurs mouvemens que les poissons qui nagent contre le courant de l'eau.

Lorsque la petite goutte commençoit à diminuer, ils ne manquoient pas alors de se retirer dans les endroits les plus profonds, où l'eau avoit moins baissé par la dissipation ; si elle perdoit un peu plus, on les voyoit tous fixés & attachés à la lame de verre, dans la partie où l'exsiccation leur ôtoit la liberté de se mouvoir dans le fluide. Lorsque la liqueur est sur le point de s'évaporer entierement, on a beaucoup de plaisir à voir ces petits êtres, & sur-tout les plus robustes d'entr'eux, se tourmenter, faire des culbutes sur la tête, s'agiter en rond, rallentir leur agitation par degrés, & enfin, se trouvant à sec, s'arrêter sur le champ & expirer. On a beau, après cela, leur donner une nouvelle eau, elle ne les rappelle point à la vie, quoiqu'on les y laisse plongés pendant quelques heures, ou même pendant plusieurs jours. Il est vrai néanmoins que pour qu'ils ne puissent plus se ranimer, il faut qu'ils aient été abandonnés à sec pendant un certain tems ; sans cela il arriveroit que, comme il reste toujours dans eux quelques légeres étincelles de vie, une liqueur, amie de leur constitution, leur donneroit des forces & pourroit les faire revivre. Je dois avertir ici que je me suis d'autant plus volontiers appliqué à cette recherche, que je m'y sentois porté par l'autorité de M. *de Needham* qui, outre ces petits animaux ordinaires, a vû dans la liqueur certains filets ou fibres allongées, qui ressemblent à des anguilles, autant par leur longueur, que par les différens plis & replis de leur corps. Lorsque le fluide se desséchoit, ces anguilles s'agitoient & se rouloient sur elles-mêmes. Leur rendoit-il une goutte d'eau ? elles reprenoient leur premier mouvement. Ainsi il pouvoit les faire périr ou revivre à son gré, en substituant une goutte de liqueur à celle qui s'étoit évaporée.

Des expériences réitérées m'ont appris qu'il ne faut point confondre nos petits animaux avec ces anguilles ; celles-ci ne font vraiment que des filets allongés, (7) & mis en mouvement par le fluide qui les pénétre : mais ce mouvement est aveugle & irrégulier, & en conféquence il n'a rien de commun avec celui de nos animaux. Je pourrois ajouter les autres propriétés qui se rencontrent dans ceux-ci, & qui ne se trouvent point du tout dans ceux-là.

On devroit, je crois, conclure de toutes les obfervations que j'ai faites jufqu'ici, que les mouvemens ordinaires de nos animalcules aquatiques ne font point purement méchaniques, mais vraiment réguliers, produits par un principe intérieur & fpontané, & qu'il faut placer ces êtres dans la claffe des animaux vivans, non pas affurément d'une maniere impropre & figurée, mais en parlant rigoureufement & dans le vrai.

En effet, cette maniere de s'obferver avec l'œil, de becqueter doucement les parcelles des végétaux difperfés dans l'infufion, de fe réunir lorfque le fluide fe defféche, de s'atrouper dans les endroits où l'évaporation eft plus lente, de paffer du repos à un mouvement rapide, fans y être déterminés par aucune impulsion étrangere, de nager contre l'effort du courant, de savoir adroitement éviter les obstacles & s'éviter eux-mêmes en marchant, enfin cette faculté de changer brusquement de direction & d'en prendre même une toute opposée, font autant de signes évidens & incontestables d'un tel principe. (8)

CHAPITRE III.

Moyens dont se sert M. de Buffon pour prouver que ces Etres n'ont pas un vrai principe d'animalité. Réponse qu'on lui fait.

M. *de Buffon* veut bien convenir que ces petits corps, que montrent les infusions des végétaux, ont un principe actif & régulier : malgré cela il refuse constamment de les mettre au rang des animaux : il aime mieux créer pour eux une espece, une classe qui leur est propre, & qui différe de toutes celles dans lesquelles nous renfermons les êtres animés. Cette classe qui, à la rigueur, n'appartient point au regne animal, devroit donc être placée dans le regne végétal;

mais M. *de Buffon* lui fait tenir le milieu entre l'un & l'autre; il appuie fon fentiment fur les obfervations les plus délicates & les plus exactes qu'il a faites fur les vers fpermatiques. Les Naturalistes étoient généralement convenus entr'eux de leur donner le principe de l'animalité, & ils le leur attribuoient, tant à caufe de la propriété qu'ils ont de fe tranfporter d'un lieu à un autre, qu'à caufe de cette queue qui les décore & qui leur fert à fendre l'eau. Mais ces motifs ne paroiffent point affez concluans à M. *de Buffon*; il penfe même que cette queue & ce mouvement, fi l'on y fait bien attention, doivent fervir à prouver tout le contraire.

Pour ce qui concerne le mouvement, fi l'on prétendoit s'en fervir pour trouver dans ces corps les propriétés des animaux, la raifon pourroit exiger, dit-il, qu'il fût femblable à celui des autres animaux que nous voyons marcher tantôt lentement, tantôt d'un pas précipité, qui s'arrêtent, qui fe repofent. Les corps fpermatiques au contraire, continue l'Auteur françois, ne font jamais en repos; ils marchent toujours d'un pas égal, & quand ils s'arrêtent, ils s'arrêtent pour toujours. Leur queue même est un titre qui dépofe contr'eux, puifqu'elle n'en a que les dehors trompeurs. Dans le vrai, c'eft un simple filet auquel un corps se trouve attaché, & dont cet être se débarrasse comme d'un ornement étranger à son individu, lorsqu'il en a fait usage pendant un certain tems.

Mais voici une raison plus forte encore : les animaux, de quelque espece qu'ils soient, ont les organes distincts & une forme constante : pourquoi dans ces êtres spermatiques ne voit-on pas cette distinction des organes? Pourquoi leur forme varie-t-elle à chaque instant ? Enfin M. *de Buffon* a observé que ces vers ne soutiennent pas le plus léger degré de chaleur auquel on les expose, tandis que d'un autre côté, ils bravent, sans la moindre incommodité, les plus grands froids de l'hiver ; ce qui est tout-à-fait opposé à la nature des animaux connus qui vivent dans une chaleur douce & modérée, & meurent dans un froid excessif. Après cela, il conclud que ces petits corps auxquels nous donnons le nom de vers spermatiques, ne sont pas vraiment des animaux, & il étend ce principe jusque sur ce peuple immense d'êtres qui serpentent dans les infusions ; ceux-ci & les spermatiques ne forment, selon lui, qu'une seule classe, qui est absolument la même.

Comme cette opinion tire toute sa force de la nature des vermisseaux spermatiques, je me contenterai de faire ici un paralléle de ces insectes avec ceux que donnent les infusions ; de montrer les différentes métamorphoses que les nôtres subissent, les combinaisons variées & les sortes de révolutions qu'ils éprouvent ; ensuite je les comparerai à ceux qui ont été découverts par la sagacité de l'illustre François.

Entrons en matiere, & commençons par ce qui regarde leur tempérament, relativement à l'action du chaud & du froid. J'ai observé que ces animaux ne se manifestent ordinairement dans les infusions que lorsque la chaleur de l'atmosphére est au degré requis, soit pour les mettre en mouvement & les faire éclore dans les liqueurs où la graine est en macération, soit pour faire produire des filamens aux matieres qui sont en infusion & dissoudre leurs parties : c'est ce qui fait que jamais on ne les voit se montrer en hiver, à moins que l'atmosphére de la chambre ne soit plus tempérée & plus douce que l'air du dehors. Une fois nés, on peut librement les exposer à toute la violence du froid. L'expérience m'a démontré que non-seulement ils s'y conservent, mais qu'ils ne donnent pas même le plus léger indice que le froid les ait endommagés. En effet dans un fort grand froid, j'exposai à l'air les vases de l'infusion, & je les tins ouverts pendant toute la nuit, afin que le fluide pût avoir une communication libre avec l'air ambiant ; le lendemain les vases me parurent très-froids, même en y appliquant la main : cependant les petits animaux y couroient avec une entiere liberté, & sans que rien les gênât. Il me vint en pensée, outre cela, de donner à mes infusions un degré de froid encore plus grand ; j'y mis de la neige ; nos animaux se jetterent dessus avec avidité, & s'en pénétrent entierement. Je formai alors un cône avec cette neige d'environ quatre travers de doigt ; je creusai ensuite sa base jusqu'à une certaine profondeur ; je le plaçai dans une direction perpendiculaire au-dessus de ma liqueur, & je le remplis doucement d'une bonne partie de mon infusion, jusqu'à ce qu'elle en distillât goutte à goutte ; je ramassai quelques-unes de ces petites gouttes, & je présentai en même tems au microscope l'autre liqueur dans laquelle j'avois jetté de la neige : elle me montra des animaux dont le mouvement étoit fort rallenti, quelques-uns étoient devenus tout difformes : ils périrent tous au bout de quelques heures.

Cette expérience, que j'ai renouvellée plusieurs fois, m'autorise à conclure que les animaux des infusions peuvent bien soutenir jusqu'à un certain degré la rigueur du froid, mais qu'ils perdent leur mouvement & cessent de vivre lorsqu'il agit trop vivement sur eux.

Voilà pour ce qui regarde le froid. Quant à la chaleur, j'ai déja remarqué qu'elle doit être douce & modérée pour donner des êtres vivans ; cependant on les voit se maintenir, se montrer forts & vigoureux, quoiqu'elle augmente considérablement, & même jouer avec une sorte de gaieté dans les infusions qui ont été échauffées par le soleil, au tems de la canicule. Il est vrai que l'expérience ne réussit pas toujours également bien lorsqu'on expose l'infusion à une trop grande chaleur du feu, ou même à l'action immédiate des rayons du soleil. Un degré de chaleur, au-dessus du premier, échauffe trop la liqueur, les affoiblit & les tue. Je me rappelle que le 12 du mois de Juillet, l'action du soleil fut si vive, vers le milieu du jour, qu'elle fit mourir tous ces petits animaux, dans quarante vases séparés. Outre la propriété qu'a cette chaleur de leur ôter la vie, on lui trouve encore celle de réduire les infusions à ne plus fournir aucuns animaux, ou du-moins en très-petite quantité, & comme avec peine.

Si ces petits êtres que l'on voit s'élancer sur

les corps qui nagent dans la lymphe fpermatique, n'ont pas un tempérament également
propre à réfifter à l'activité de la chaleur, & à
la violence du froid, faut-il pour cela les exclure de la claffe des animaux ? On devroit donc
de même en bannir une infinité d'autres êtres
organifés, auxquels cependant on ne refufe pas
cet avantage. En effet quoique les rigueurs de
l'hiver détruifent la plus grande partie de ces
animaux que nous connoiffons fous le nom
d'infectes, cependant on n'ignore pas qu'il y
en a auffi un fort grand nombre qui échappent
à ce danger ; ils fe mettent par tas dans de
petits trous, ou dans des endroits écartés, &
là, dans le repos & l'inaction, ils attendent que
la douceur de la faifon les invite à fortir des
bras du fommeil & de l'obfcurité, pour jouir
de la chaleur douce que le printems a répandue
dans l'air. Les chryfalides, par exemple, qui
renferment les organes délicats d'un animal qui
doit un jour prendre place parmi les infectes
volans, les chryfalides, dis-je, s'attachent aux
murs des maifons vers la fin de l'automne, ou
aux branches des arbres, & s'y confervent pendant tout le cours de l'hiver. Je m'en fuis convaincu moi-même par celles qui nous donnent
le papillon. Souvent j'en ai détaché de deffus

une

une muraille qui étoit exposée aux vents du nord ; je les ai conservées dans une boëte, & j'ai vu qu'aux approches du printems, il en sortoit un papillon blanc, vif & animé. M. *de Reaumur*, ce François qui a fait tant d'honneur à sa patrie par ses lumieres, rapporte que ces mêmes chrysalides ne périssent pas dans un froid qui seroit à 16 degrés au-dessous du terme de la glace ; cependant on sçait que ces insectes n'ont aucune enveloppe qui les mette à l'abri des injures de l'air ; ils sont toujours nuds & sans armure. La même chose arrive à ces chenilles qui ne bravent l'hiver que pour dépouiller nos arbres de l'ornement de leurs feuilles, & dévorer les fruits de nos jardins.

Vers la fin du mois de Février, je mêlai ensemble de la glace pilée & du sel marin, & je plongeai dans ce mêlange un thermométre dont la liqueur descendit presque à un degré au-dessous du terme où étoit le froid en 1709. Je mis ensuite à côté du thermométre un tube de verre qui n'étoit ouvert que par la partie supérieure, & qui renfermoit sept à huit de ces chenilles : elles y resterent environ une demi-heure : lorsqu'on les retira, je crus véritablement les trouver mortes, vû la rigueur du froid ; mais sitôt qu'elles sentirent la chaleur du feu, on les vit se ranimer par degrés, & donner comme auparavant des signes de vie. Cette expérience ne me suffisant pas, je résolus le jour suivant de soumettre mes chenilles à un froid encore plus rigoureux ; je pris du sel gemme avec de la glace ; mes chenilles soutinrent parfaitement cette nouvelle épreuve.

On peut rapporter à cela ce que raconte *Lister* ; il assure avoir trouvé quelques-uns de ces insectes tellement endurcis par le froid, qu'en les laissant tomber sur le verre, ils faisoient un bruit tout semblable à celui qu'auroit occasionné un petit caillou, & cependant ces chenilles étoient encore vivantes, comme il eut bientôt occasion de s'en appercevoir aux petits mouvemens qu'il leur vit faire, lorsqu'on les ranima par l'action d'un feu modéré.

Mais outre ces animaux qui résistent au froid dans l'inaction & l'immobilité, nous en avons encore d'autres qui reviennent mieux à notre sujet, parce qu'ils séjournent dans l'eau, qu'ils s'y meuvent librement, & y courent avec vîtesse, même au milieu des rigueurs de l'hiver.

Un jour je rompis un glaçon dans un fossé ; c'étoit environ vers le milieu du mois de Janvier, & la saison étoit fort rigoureuse ; je ne songeois point du tout, dans ce moment, à faire aucune expérience de Physique. Quel fut mon étonnement lorsque je vis une foule de petits animaux noirs qui faisoient là leur demeure, & qui, saisis de frayeur, se mirent à courir, & à s'enfoncer dans l'eau ! Il y avoit parmi eux quelques-uns de ces insectes que nous appellons amphibies ; ils sont de la grosseur d'un pignon ; leur couleur est d'un cendré jaune & obscur ; leur bec est armé d'un aiguillon long & dangereux.

Je me rappelle aussi qu'ayant un voyage à faire dans un chemin semé de cailloux, à la descente des cimes inhabitables des Apennins de Rhége, je vis une fontaine qui étoit formée par des neiges fondues, & dont l'eau se trouvoit presque gelée, quoique nous fussions au commencement du mois d'Août ; elle prenoit son cours par dessus des pierres avec lesquelles on avoit voulu la couvrir, & dans un endroit absolument impénétrable aux rayons du soleil. Il y avoit une quantité prodigieuse de vers de bois aquatiques, qui s'étoient fabriqués des demeures flottantes dans des feuilles de hêtre de cette affreuse forêt. Ce n'est donc pas une chose fort extraordinaire de rencontrer différentes sortes d'insectes qui sont d'une trempe assez forte pour résister à toutes les rigueurs du froid, &

qui non-feulement s'y maintiennent en vie, mais qui y conservent toute la liberté des fonctions animales, & le jeu des organes.

On objecte ensuite que les animaux des infusions cédent trop aisément à un certain degré de la chaleur du feu, ou périssent par l'action du soleil. Ne pas pouvoir soutenir l'action du feu, est une chose qui, je crois, ne surprendra personne ; mais il n'est pas non plus fort étonnant que ces animaux ne puissent pas résister à celle du soleil, sur-tout lorsqu'elle se trouve aussi vive qu'elle l'est quelquefois dans les grandes chaleurs de l'été. La même chose n'arrive-t-elle pas à plusieurs especes d'insectes aquatiques que l'on expose pendant quelques heures à un soleil brûlant avec l'eau dans laquelle ils faisoient leur séjour ? du moins j'en ai fait plusieurs fois l'expérience.

M. *de Buffon* ajoute que ces animaux changent de forme à chaque instant : pour moi je n'ai rien remarqué de semblable dans les infusions. Au contraire, j'ai vu qu'ils retiennent constamment la forme sous laquelle ils ont une fois commencé à paroître, soit qu'elle soit ronde, allongée ou elliptique : seulement ils amplifient leur volume à la maniere des autres animaux.

Si l'on passe ensuite à l'examen de leur queue,

il y en a dans lesquels on n'en apperçoit aucun vestige, comme dans ceux qui font ovales, ou si l'on voit une queue à ceux qui ont pris une figure plus allongée, elle ne devient point dans eux un ornement qui leur soit absolument étranger : il est évident à l'œil seul, autant que par le rétrécissement graduel de cette même queue, qu'elle est dans ces animaux un alongement de leurs organes, & que la nature l'a destinée à former le contour de leur corps, comme dans les anguilles du vinaigre ; aussi la voit-on toute semée de petits globules au-dedans, ainsi que le reste du corps. Prétendre que ces animaux s'en débarrassent comme d'un poids inutile & superflu, c'est ce que l'on n'a jamais vu ; je dis jamais, & je peux le prouver par une race d'animaux fort semblables que j'ai eu occasion d'examiner, & dont je veux faire la description ; je la dois aux intérêts de la vérité, & à cette simplicité pure dont un Philosophe ne s'écarte jamais, lorsqu'il est sans passion & sans partialité.

Dans le cours de l'hiver de 1763, on avoit laissé croître jusqu'à une certaine hauteur quelques légumes qui étoient dans des tasses pleines d'eau ; l'air de la chambre avoit toujours un certain degré de chaleur, afin que ces plantes pussent végéter, quoique dans une saison qui leur est contraire, & nous donner par-là les animaux microscopiques : en effet, elles nous en fournirent régulierement, & en abondance pendant un espace de trois mois. Je les visitois exactement chaque jour. Le 11 Janvier, deux de ces infusions, dont l'une étoit de pois chiches, & l'autre de haricots blancs, me donnerent un phénomene singulier. Dans la premiere j'apperçus, outre les animaux ordinaires, différens globules qui, à l'aide du microscope, ne paroissoient être que de la grosseur d'un petit pois. C'étoient alors des animaux mixtes. *Fig. 7 & 8. Pl. 2.* Une moitié de leur corps se trouvoit engagée dans la matiere des semences qui étoient déja dissoutes & corrompues, l'autre moitié en étoit débarrassée & se plongeoit dans le fluide. On en voyoit sortir un fil brillant & très-délié. Dans les uns ce fil s'unissoit, avec l'autre extrêmité, aux morceaux de matiere, dans les autres il en étoit séparé. Sa longueur pouvoit être d'un travers de doigt, & sa direction étoit toujours en ligne droite. Ces globules ne paroissoient pas agités ; ils se contractoient insensiblement & diminuoient leur volume, en se repliant sur eux-mêmes ; mais à mesure que la diminution se faisoit, ils devenoient plus sombres & plus obscurs. Pendant ce tems-là, ceux qui étoient encore adhérens aux morceaux de matiere, à l'aide du petit fil, paroissoient s'en rapprocher par un mouvement assez prompt, & les touchoient, de maniere que toute la longueur du fil se trouvoit souvent presque réduite à un point. Un moment après ces mêmes globules se développoient de nouveau, & s'allongeoient comme la premiere fois ; alors le globule attaché reprenoit sensiblement son premier volume & son ancienne immobilité : ce phénoméne, que je n'ai plus rencontré depuis, se renouvelloit agréablement au bout de quatre secondes.

Tandis qu'un spectacle aussi charmant me tenoit fixé sur le microscope, deux des globules dont j'ai déja fait mention, vinrent changer la scène. Ils couroient librement dans toute l'étendue du fluide, traînant derriere eux ces filets en guise de queue. Lorsqu'ils vinrent à s'en dépouiller, on les trouva tout semblables aux autres animaux, soit que l'on considérât la structure de leurs organes, soit que l'on fît attention à l'adresse avec laquelle ils sçavoient éviter les obstacles qui se présentoient devant eux, ou que l'on examinât cet instinct singulier qui les portoit à s'élancer, avec une espece de gourmandise, sur les morceaux des matieres végétales, & à faire tous ces tours & détours qui sont propres aux autres animaux. Je n'ai point perdu de vue cette infusion pendant plusieurs jours, & le résultat a été qu'au bout d'une semaine la plus grande partie de ces globules s'étoit déja débarrassée des fils comme n'étant d'aucun usage, & que ceux à qui ils restoient encore, pouvoient courir avec une liberté entiere dans le fluide, & se porter par-tout où bon leur sembloit.

L'infusion des haricots blancs, où quelques animaux étoient nés, & d'autres corrompus, m'a donné un phénoméne qui ressembloit en quelque façon à celui-ci, & qui avoit en même tems quelque différence sensible. La liqueur contenoit un plus grand nombre de corps entassés, qui s'élargissoient vers le milieu, *Fig. 9. Pl. 3.* & alloient en se rétrécissant vers les extrêmités, dont une se terminoit par une pointe très-mince. Ces pointes venoient se perdre dans une plus grande, & représentoient comme des grouppes de fruits unis à une branche commune, de laquelle ils tiroient leur nourriture. Ces corps, à l'imitation des globules, se rétrécissoient & se dilatoient tour à tour, sans néanmoins sortir de leur place. Seulement quelques-uns d'entr'eux se mirent en marche après le dixieme jour, mais leur pointe les avoit abandonnés, & ils portoient tous les caracteres des autres animaux. Les jours suivans on en apperçut succeffivement plufieurs autres qui s'avançoient en fe détachant de leur compagnie. Il y avoit dans ceux-ci une particularité bien remarquable, c'eft qu'après avoir fait une partie de la route, ils s'arrêtoient & fe replioient tous, de maniere que leur corps allongé prenoit une figure fphérique; un moment après ils reparoiffoient fous leur premiere forme, & continuoient leur voyage, qui étoit toujours interrompu par des intervalles que je crois dignes de notre curiofité.

Malgré tous ces traits de reffemblance & de conformité entre ces corps & les vers fpermatiques, je me garderai bien de les confondre enfemble, & de vouloir leur trouver tous les caracteres évidens du principe d'animalité, dont j'ai parlé fur la fin du fecond Chapitre.

Pour ne rien laiffer à défirer dans cette queftion, & mettre ces preuves dans tout leur jour, je vais rapporter en peu de mots les raifons fur lefquelles M. *de Buffon* établit fon opinion, & en même tems y répondre (1).

Ces prétendus vers fpermatiques, dit M. *de Buffon*, ne font pas de vrais animaux; ils ont un mouvement tout-à-fait différent de celui des animaux; leur queue eft trompeufe & poftiche;

leurs membres, privés d'organisation, changent de forme à chaque instant; un léger degré de chaleur les fait mourir, & le froid le plus aigu n'agit point sur eux. Je réponds à cela qu'il est faux que les petits corps qui nagent dans les infusions, ne soient pas doués d'un mouvement tout semblable à celui des animaux; que la nature a mis dans leurs membres une organisation sensible, & une proportion exacte, sans trop les soumettre à des changemens de formes; qu'ils partagent avec la plupart des insectes la faculté de supporter le chaud & le froid, jusqu'à un certain degré & non au-delà; qu'il n'y en a parmi eux qu'un très-petit nombre qui ait cette queue postiche, & que ce petit nombre même porte avec soi tous les caracteres de l'animalité dans la plus grande évidence. Il suit donc de-là que, d'un côté, ces derniers different essentiellement des vers spermatiques, & que, de l'autre, on doit vraiment les placer au rang des animaux.

Mais, dira quelqu'un, pourquoi donc M. *de Buffon*, qui joint à la profondeur du génie tant de discernement & tant de délicatesse, a-t-il rangé dans la même classe les animaux spermatiques & ceux des infusions, s'il existe une différence réelle entre les uns & les autres?

Si j'étois dans le cas de faire une réponse à cette demande, je dirois volontiers que ce grand homme n'a écouté en cela que l'amour qu'il se sentoit pour son système. Il lui importoit beaucoup d'établir dans la nature une nouvelle espece d'êtres, auxquels il a donné le nom de *molécules organiques*. Ces molécules, il prétend qu'elles ne sont ni des animaux, ni des végétaux, mais qu'elles se rencontrent en abondance dans les uns & dans les autres, & que c'est de leur assemblage, & de leur désunion que résultent la production & la destruction de tout ce qui a quelque vie dans l'univers.

S'agit-il de démontrer l'existence de ces molécules dans les animaux ? leur sperme contient de prétendus vers, & cela suffit à M. *de Buffon*. Faut-il les faire appercevoir dans le regne végétal ? rien ne lui paroît plus propre à les mettre en évidence que cette foule immense de petits corps qui flottent dans les liqueurs où l'on a fait infuser les semences des végétaux. Si, lorsqu'après avoir refusé les droits de l'animalité aux vers spermatiques, M. *de Buffon* a voulu étendre cette conséquence jusque sur les petits corps des infusions, il n'a sans doute consulté en cela que cette façon de raisonner, si connue parmi les Philosophes sous le nom d'analogie.

Pour moi, je fuis vraiment fâché de voir que ce favant François ait donné tous fes foins à l'obfervation des vers fpermatiques, fans prefque jamais jetter les yeux fur ce qui fe paffe dans les infufions, & qu'il ait entierement abandonné cette occupation à M. *de Needham*, comme il en convient lui-même. Cet admirable connoiffeur de la nature auroit pû nous donner d'excellentes obfervations fur les différences effentielles qui fe trouvent entre les uns & les autres de ces êtres, & fe feroit bien gardé d'établir entr'eux aucune analogie.

On fçait généralement que l'analogie ne peut prêter quelque force au raifonnement que par le concours de deux chofes, que l'on défireroit bien rencontrer dans une même efpece. Il faut que, connoiffant l'une, & ne connoiffant point affez l'autre, nous découvrions du moins, entr'elles, une certaine convenance établie fur plufieurs propriétés, afin que nous puiffions en inférer qu'elles s'accordent de même dans toutes les autres ; or, nous fommes fi éloignés de trouver ici cette correfpondance mutuelle entre les vers fpermatiques, & les vers des infufions, que les propriétés des uns font prefque toutes oppofées aux propriétés des autres.

Je crois avoir démontré fuffifamment cette

vérité, & il fera aifé à chacun de s'en convaincre en préfentant l'œil au microfcope, & en examinant avec quelque attention ce qui fe paffe dans les infufions.

CHAPITRE IV.

Si les différens changemens que l'on remarque dans les infufions, s'accordent avec le fyftéme de M. de Needham.

Après avoir fait un examen des différentes formes, des marques caractériftiques & individuelles que l'on voit dans les petits corps des infufions, & de ce principe d'animalité qui eft démontré par un fi grand nombre d'expériences, je dois maintenant faire mention de tout ce qui arrive aux animaux microfcopiques, & le comparer avec l'opinion de M. *de Needham*, pour pefer, fans aucune prévention, les réfultats qui peuvent lui être favorables, indifférens ou contraires. Il faut obferver que, pour parvenir à cette connoiffance, j'ai choifi la faifon favorable du printems, & que j'ai fait macérer dans des vafes de verre, des femences de concombre & de citrouille, dépouillées de leur écorce, ainfi que des germes de pêcher & d'amandes ameres que l'on avoit adroitement tirés de leurs lobes. Comme l'expérience m'avoit appris que l'eau commune donnoit quelques petits animaux, à cause des substances hétérogenes qu'elle renferme, & que je voulois procéder avec toute la circonspection imaginable dans cette expérience, de même que dans toutes celles que j'avois à faire, je me servis, pour cet effet, de l'eau légérement distillée : j'enfermai cette eau dans des vases polis & bien fermés : on n'y vit jamais paroître aucun animal vivant. Or, les germes qui s'étoient corrompus & brisés au bout de quelques semaines, ne me donnerent rien non plus qui parût animé intérieurement d'aucun principe de vie, & cependant j'y apportai la plus grande attention (1).

Il n'en fut pas de même de mes deux premieres infusions ; trois jours après j'y apperçus des animaux vivans, & ce fut celle de citrouille qui m'en donna la premiere ; cependant les lobes s'étoient gonflés sensiblement, & montroient déja l'allongement de ces petites barbes, qui se convertissent ensuite en racines. Je laissai reposer le vase jusqu'au jour suivant, qui étoit le vingtieme du mois de Mai : en levant le couvercle que j'avois posé dessus fort doucement

& fur les autres, je vis que l'eau étoit fort chargée & d'une couleur brune ; elle commençoit même à exhaler une odeur défagréable ; il y avoit, je ne fçais quoi de gluant & de vifqueux ; ce que je ne pûs attribuer qu'aux longs filamens qui avoient été pouffés par les femences. De plus, les lobes étoient beaucoup plus gonflés qu'auparavant ; quelques-uns même s'étoient ouverts, & leurs petites barbes s'allongeoient, principalement dans ceux qui fe maintenoient à la furface de l'eau. Mon infufion, vue avec le microfcope, parut contenir un plus grand nombre d'animaux ; ce nombre augmenta beaucoup pendant les quatre jours qui fuivirent, & le premier de Juin ils s'étoient fi prodigieufement multipliés, que le fluide, devenu extrêmement épais, ne préfentoit plus qu'une efpece de bouillie, formée par ces animaux. Leur multitude fe foutint jufqu'au troifieme jour du même mois ; alors elle commença à diminuer, à proportion que les femences fe délayerent, & la plupart des animaux périrent comme fuffoqués dans le fluide. Cette expérience me mit à portée de remarquer qu'il en étoit né beaucoup, d'un volume bien plus petit que les premiers, & qui périrent comme eux. Enfin le 16, on ne voyoit plus rien d'animé dans l'infufion ; ce n'étoit déja qu'une maſſe de ſemences entierement corrompues, & qui jettoient une odeur déſagréable & fétide. (2)

Parlons maintenant des animaux que je découvris le quatrieme jour dans l'infuſion de concombre. Ici on voyoit croître nos automates, à meſure que l'eau s'épaiſſiſſoit de jour en jour, qu'elle devenoit trouble & gluante, & que les ſemences, qui avoient déployé leurs germes, donnoient des ſignes de végétation. Le 9 Juin, je vis paroître des animaux exactement ſemblables à ceux que donne la ſemence de citrouille. Le 10, leur nombre fut prodigieux, & il ſe maintint juſqu'au 15. Ce jour-là ils commencerent à diminuer par degrés, & le 25 on n'en découvroit plus aucuns veſtiges. Il eſt bon cependant d'obſerver que la mort de ces animaux ne laiſſa pas l'infuſion entierement privée d'habitans; une autre colonie ſuccéda à celle-ci, & périt de même. Le 27 elle n'exiſtoit plus. Ces animaux étoient ſi petits, que l'œil avoit peine à les ſaiſir; & peut-être même, ſans le mouvement dont ils étoient pourvus, n'aurois-je pas pû les appercevoir. Vers les derniers jours particuliérement, l'eau devint ſi trouble & ſi infectée par la corruption des graines, que je ne vis plus qu'une fourmilliere confuſe, malgré toute l'attention

que

que j'y apportois ; de maniere que, pour distinguer les objets, je fus contraint de délayer
avec de l'eau ce mucilage visqueux (3).

Ces deux infusions me firent soupçonner que
les animaux microscopiques ne se manifestent
pas en tout tems dans les infusions, mais que
peut-être ils suivent constamment une loi, en
vertu de laquelle ils commencent à naître dans
les premiers momens de la végétation, se multiplient à mesure qu'elle fait des progrès, &
diminuent enfin lorsqu'elle s'altere, ou se perdent entierement. Les soupçons que me fit naître
le résultat de ces faits, ne devinrent de quelque
prix à mes yeux, que sur l'opinion, où est M.
de Needham, que l'on ne doit uniquement la
production de ces animaux, qu'à une force végétatrice qui réside dans la matiere. J'ai cru
que, pour me mettre à portée de voir d'une
maniere évidente si cette correspondance mutuelle existe vraiment dans la matiere, ou si elle
n'en est qu'une propriété accidentelle, je pouvois tirer, avec avantage, quelques inductions
des différentes infusions dont je me propose de
rendre compte dans cet Ouvrage ; j'aurai soin
de le faire avec toute la clarté possible, en y
mettant de l'ordre & de la précision.

Le 29 Juin je fis deux infusions, l'une étoit

D

de chénevis, l'autre de millet. Le 1ᵉʳ. de Juillet, dans la matinée, l'infufion de chénevis contenoit des animaux d'une très-belle forme : le 2, leur nombre étoit augmenté : il y en avoit encore avec eux d'autres d'efpeces différentes, & affez grands : le 3, les uns & les autres s'étoient multipliés à un point, que l'on auroit pû en compter des milliers dans la plus petite portion de matiere. Le 4, ayant examiné le vafe où ils fe trouvoient plus abondamment, je m'apperçus que les plus grands n'étoient pas les plus nombreux ; & fur la fin du fixieme jour il n'y en reftoit plus aucuns, excepté ceux de moyenne grandeur, parmi lefquels il y en avoit de fort petits, que l'on auroit pû prendre pour des grains de fable. Le 7, ceux-ci fe firent voir en quantité, & différoient en cela des grands qui avoient beaucoup diminué, & qui moururent le 9. (4) Peu de tems après les petits eurent le même fort, & laifferent l'infufion entierement dépouillée d'habitans. Que l'on confidere ici ces différens régimens d'animaux, s'il m'eft permis de leur donner ce nom. Les uns fuccédent aux autres, fans trop changer leurs formes, de maniere qu'à mefure qu'une race diminue & s'éteint, une autre fe renouvelle, & prolonge fon exiftence jufqu'à un terme marqué, au-delà *sur les Êtres microscopiques.*

duquel ils disparoissent aux yeux de l'Observateur, qu'ils privent par-là d'un spectacle aussi bizarre qu'agréable.

J'ai vû, avec plaisir, ce même phénomene se répéter dans différentes infusions; cependant il y en a où les formes ne sont pas toujours les mêmes. J'en ai trouvé quelques-unes où les animaux étoient en si grand nombre, & si variés, qu'il n'étoit pas possible de les distinguer, même en les observant avec toute l'attention imaginable.

La graine de millet fut plus long-tems que les autres à germer, & les petits animaux mirent proportionnellement plus de tems à paroître; on n'en apperçut aucuns avant le 4 de Juillet, sur le soir; cependant ils ne tarderent pas à s'accroître prodigieusement : vers le 11 il y en avoit une quantité étonnante de toute espece; les jours suivans ils commencerent à dépérir, & vers le 20 on n'appercevoit plus que quelques automates animés dans cette infusion corrompue; la même chose arriva à la graine de chénevis, lorsqu'elle perdit ses habitans (5).

Or, ces deux dernieres infusions, & une infinité d'autres, acheverent de me persuader que ces animaux observent une marche constante & réguliere, soit lorsqu'on les voit paroître par

D ij

degrés, & enfuite s'accroître prodigieufement, foit lorfqu'ils diminuent infenfiblement, jufqu'à ce qu'ils finiffent par s'anéantir; mais ces différentes périodes fuivoient-elles exactement l'augmentation, la diminution & la ceffation de la végétation dans l'infufion des femences? c'eft ce que je n'ofe pas encore décider; toutes mes obfervations n'ont point été affez heureufes jufqu'à ce moment, pour m'y faire appercevoir cette liaifon & ce concert heureux qui eft fi néceffaire, & fi recherché, pour pouvoir rendre raifon des caufes par leurs effets (6).

Pour ce qui regarde les deux infufions dont je viens de parler, la chofe ne pouvoit pas être en meilleur état; mais je n'ai point trouvé un réfultat égal dans les autres. Il y en eut même quelques-unes où les animaux commencerent à paroître avant la germination des femences, & d'autres où ils difparurent entierement, foit que les petites plantes qui avoient déja paru, continuaffent à fe développer, ou qu'elles reftaffent dans leur état naturel. D'autres plantes ne laifferent pas de me fournir une bonne quantité d'animaux, quoiqu'elles fuffent flétries & dépouillées de leur verdure (7).

Je ne prétends pas néanmoins que toutes ces obfervations foient abfolument fans difficulté

& qu'il ne soit possible d'y faire quelque réplique. On pourroit me dire que si, dans le premier cas, les animaux ont paru avant le développement du germe, cela ne détruit pas, dans eux, l'élément ou le principe de la végétation ; seulement cela signifie que ce principe ne se déclaroit pas encore par le développement entier des petites barbes & du germe. Pour ce qui est de ceux qui se sont montrés, quoique les plantes macérées eussent perdu leur verdure naturelle, je n'ose point assurer que leur apparition soit postérieure à la végétation dont il s'agit ; peut-être avoient-ils déja été produits avant ce tems-là, & ont ensuite prolongé leur existence pendant un certain tems. S'ils disparoissent absolument avant que les plantes se fannent & se flétrissent, on doit moins en accuser la lenteur de la force végétatrice, que l'influence dangereuse de quelque cause étrangere.

L'incertitude & les doutes où me jetta cet événement, me porterent à imaginer un nouvel expédient pour apporter plus de clarté dans cette matiere, & la mettre, s'il étoit possible, dans une entiere évidence. Je me disois donc à moi-même, s'il existe vraiment une relation entre la végétation des semences & la naissance des animaux, on pourra sans doute inférer légitimement de ce procédé, que si l'on accélere cette végétation dans les semences, l'apparition des animaux sera de même plus prompte & plus accélérée. Par une raison contraire, si l'on retarde la végétation, & si on la conduit, de maniere qu'après s'être manifestée par des effets sensibles, on trouve le secret de la traîner en longueur, les animaux tarderont de même à naître, & auront ensuite, dans leur développement, une lenteur proportionnée. Enfin si l'on arrête, autant qu'il est possible, toute végétation, on doit, par ce moyen, détruire absolument la production des animaux. Je donnerai dans le Chapitre suivant, un détail des expériences & des observations que j'ai faites à ce sujet, & l'on pourra juger des lumieres que j'ai retirées de mes découvertes par cette maniere de procéder.

CHAPITRE V.

Continuation du même Sujet.

DE tous les moyens que l'on peut employer pour empêcher les graines de donner quelques signes de végétation, le plus efficace, & en même-tems le plus simple, est de les broyer & de les mettre en poudre : il est constant que, dans cet état, elles ne pousseront point de racines & ne produiront aucune espece de germe. Comme on conclud de-là que c'est en germant que ces semences produisent une grande quantité d'animaux, je m'appliquai à les broyer avec soin, & le 19 Juillet j'en fis six infusions différentes ; mais, pour procéder avec plus de sûreté dans cette expérience, je formai, avec les mêmes graines, un nombre égal d'infusions dans des vases semblables. J'y versai la même quantité d'eau ; la seule différence qui s'y trouva, fut que je ne broyai point ces graines comme j'avois broyé les autres. C'étoient celles de chénevis, de lin, de vesce, de bled de Turquie, de haricots blancs & de pois ; deux jours après l'eau de tous mes vases fourmilla d'animaux.

Je ne dois point ici omettre deux circonstances ; sçavoir, que dans les vases où les semences étoient entieres, les animaux se montrerent bien formés & assez agréables à la vue, tandis que le contraire arrivoit dans celles qui avoient été broyées ; outre cela ils disparurent promptement dans les infusions de ces dernieres ; mais ils se conserverent quelque tems dans celles dont les graines n'avoient pas été entamées, lorsque leurs feuilles furent portées à une certaine hauteur.

J'ai retrouvé plusieurs fois ce même phénomene dans plusieurs autres infusions des semences broyées, & quelquefois il m'est arrivé que si je broyois celles qui, en germant, m'avoient fourni des animaux en abondance, elles ne m'en fournissoient plus aucuns lorsque je les avois réduites en poudre.

Peu content des expériences dans lesquelles j'avois employé des graines triturées, je voulus pousser mes découvertes plus loin, & voir ce que me produiroient ces mêmes graines broyées plus fortement, & réduites en farine. Celle de froment, comme la plus commune, me tomba la premiere sous la main. Je me sentis d'autant plus porté à lui donner cette préférence, que son grain m'avoit donné, dans toutes mes expériences, les animaux les plus beaux & les mieux formés. En effet elle ne trompa point mon espoir, lorsque je l'eus réduite en poussiere avec toute l'exactitude possible, & purgée du son qu'elle renferme. Peu après l'avoir enfermée dans un vase, elle me fournit des animaux aussi abondamment que je pouvois le désirer. Cette découverte me porta à en séparer la partie animale de la partie végétale, pour sçavoir à laquelle des deux appartenoient proprement les animaux, ou s'ils étoient une production de toutes les deux à la fois. M. *Beccari* nous avoit déja appris que cette farine renferme deux sortes de matieres fort différentes l'une de l'autre ; il tire la premiere du regne végétal, & la seconde du regne animal ; voici comment je m'y pris pour en faire la séparation.

Je pris la portion de farine qui m'étoit nécessaire, (1) j'en retirai le son, dont le mêlange eut pû troubler l'opération, & je la fis macérer dans l'eau. On sçait que l'eau entraîne naturellement, & charrie avec elle toutes les parties de farine qu'elle peut dissoudre, & ne se charge point des autres. Celles-ci néanmoins ne laissent pas de s'imbiber, mais il faut pour cela les presser fortement dans la main, & les pétrir avec l'eau ; alors le fluide les pénétre, & leur fait prendre une adhérence entr'elles ; cet adhérence augmente & forme enfin une pâte visqueuse, qui devient alors immissible à l'eau : c'est cette colle excellente que nos ouvriers employent si utilement dans différens usages.

Les parcelles de farine que l'on a vues se dissoudre naturellement dans l'eau, & la colorer d'un blanc laiteux, tombent doucement au fond, & forment un sédiment, qui est un véritable amidon ; c'est ce que M. *Beccari* appelle matiere *amilacée* ; il donne à l'autre le nom de matiere *glutineuse.*

Un même grain donne ces deux sortes de substances ; cependant elles sont fort différentes entr'elles. La partie *amilacée* porte avec elle tous les caracteres des végétaux ; elle fermente aisément, & s'aigrit en fermentant ; la portion *glutineuse* paroît au contraire appartenir au regne animal ; on la voit se corrompre au bout de quelques jours, & elle répand alors une odeur si fétide, qu'on la croiroit plutôt une matiere animale, qu'une matiere végétale. Je séparai donc la substance *glutineuse* de la substance *amilacée*, & j'en fis deux infusions. L'*amilacée* ne me donna jamais aucuns animaux, ou du moins ne m'en donna que très-rarement, tandis que la *glutineuse* en contenoit un nombre prodigieux.

Mais il s'en faut bien que l'abondance des animaux que j'ai trouvé dans cette sorte de farine, m'ait été également fournie par toutes les autres graines. Je ne sçais si je ne dois point attribuer ce phénomene à la séparation de la matiere *glutineuse* que j'ai trouvée si favorable à la production des animaux, comme M. *Beccari* l'avoit observé avant moi. Du moins il est constant que quatre farines différentes, sçavoir, celles d'orge, de bled de Turquie, de lupins & de fêves, ne me donnerent aucun être vivant, & cependant ces infusions se firent dans une saison chaude. La même chose s'est manifestée de même dans les farines de ris & de lin pendant l'hiver, quoique l'air de la chambre, où l'on avoit mis les vases, fût au degré de chaleur suffisant pour faire naître les animaux. Je pouvois donc conclure légitimement de toute cette suite d'observations constantes, qu'en arrêtant la végétation, on ne met point pour cela d'obstacles à la production des animaux, mais que seulement il arrive fort souvent que cette production n'a point lieu, & que si, par hasard, elle se manifeste, il est aisé de s'appercevoir qu'elle a été altérée. On le connoît au peu de durée des petits animaux, & à leur extrême petitesse.

Il semble que l'autre partie du phénomene que je viens de rapporter, se soit trouvée plus conforme à mes observations; je veux dire que quand la végétation a déja été portée à un certain point dans les semences, avant qu'on les fasse infuser dans l'eau, l'infusion que l'on en fait ensuite, donne des animaux beaucoup plus promptement que si l'on avoit fait de ces mêmes semences une masse séche & aride, ce qui arrête ordinairement les progrès de la végétation.

Pour m'en convaincre, voici le moyen que j'employai, & qui me réussit très-heureusement. Je plantai en terre des pois chiches & des haricots : lorsqu'ils eurent poussé leurs racines, & leur germe, je les arrachai, je les nettoyai proprement, & je les mis dans de l'eau. Au bout de trois heures, les animaux parurent; il est vrai que je n'en eus qu'un petit nombre, mais ils étoient tous en bon état & d'une belle forme. D'un autre côté, deux vases où j'avois fait infuser les mêmes graines, mais dont je n'avois pas avancé de même la végétation, ne me donnerent des animaux que le troisieme jour.

Différentes graines sur lesquelles j'ai répété la même expérience, n'ont servi toutes qu'à me convaincre que ce procédé est beaucoup plus propre à avancer la naissance des animaux que l'usage des infusions ordinaires. C'est par ce moyen que je suis venu à bout de vérifier pleinement tous les faits qui sont cités à ce sujet par M. *de Needham*. Il rapporte qu'ayant exprimé le suc des graines qui avoient été jettées en terre, il le fit tomber sur quelques gouttes d'eau, & qu'au bout de quelques heures il y apperçut des animaux. J'ai fait cette expérience avec tout le succès possible, & j'ai eu, outre cela, l'avantage de voir plusieurs animaux dans le suc même que je présentai au microscope, sitôt après l'avoir exprimé.

Il ne me restoit donc plus qu'à éprouver si

végétation lente, & que l'on auroit soin de traîner en longueur, seroit suivie d'une quantité proportionnelle de petits animaux aquatiques. Je crus ne pouvoir choisir une saison plus propre pour cette expérience, que le tems de l'hiver. Je plaçai les semences dans une atmosphére tempérée, de maniere que la végétation ne pouvoit se faire qu'avec beaucoup de lenteur. J'avois préparé jusqu'à vingt-cinq infusions, de différentes graines; & j'avois choisi des vases larges & bien ouverts, afin que mes plantes pussent se conserver plus long-tems dans un air libre & échauffé. Il arriva, dans une grande partie de mes infusions, que les animaux se montrerent avant que l'on vît paroître les filamens que jettent les graines; cependant chaque graine en étoit abondamment pourvue, lorsque les petits germes se déployerent dans le fluide. La multitude des animaux accrut aussi, à mesure que les plantes prirent de l'accroissement, de maniere que cette population fut fort nombreuse vers le milieu du mois de Décembre.

On observera que quoique cette colonie parût être en assez bon état, cependant elle n'égala point celle que donnent des semences qui germent rapidement par le secours de la chaleur. Elle se conforma, mais lentement, à la végétation de mes plantes, que j'eus soin de conserver jusqu'aux approches du printems ; tandis qu'au contraire la grande chaleur de l'atmosphére, enlevé très-promptement, & les plantes & les animaux.

J'ai donc eu occasion de m'appercevoir que la naissance des animaux suivoit toujours, d'une maniere uniforme, les progrès & la lenteur de la végétation, & qu'elle les suivoit même dans la proportion la plus exacte, avec cette différence néanmoins, qu'en empêchant les semences de végéter, on n'empêcheroit pas toujours les animaux de naître.

Je sçais que M. *de Needham* pourra faire ici une application de ses principes, & trouver aisément quelque degré de végétation dans des plantes qui, sans se développer, ont pu donner des animaux. On entend communément par végétation, le développement des parties : cet agrandissement auquel tous les corps vivans sont soumis, est ce qui fait que nous disons que les animaux & les plantes végétent. Mais notre Auteur lui donne une signification beaucoup plus étendue. Selon lui, la végétation est une opération par laquelle la nature décompose, & détruit les anciennes formes pour en composer & en construire de nouvelles. Ainsi, quoique dans le cas dont il s'agit, les semences concassées ou réduites en farine, ne produisent vraiment aucune plante, cependant elles ont une végétation réelle, puisqu'il y a une décomposition dans laquelle leurs parties perdent leur premiere forme, & passent à une forme nouvelle, en devenant des êtres vivans, soit que ce soient des animaux, soit que ce soient des plantes.

Je n'attaquerai point cette définition donnée par M. *de Needham* ; elle est trop bien adaptée à son système. Je ne parlerai pas non plus de cette métamorphose de semences en animaux ; j'aurai occasion d'en faire mention ailleurs fort au long. Je me contenterai de dire, pour mettre un certain ordre dans tout ceci, & dans ce que j'ai avancé au Chapitre précédent, qu'en supposant de l'exactitude dans la relation que j'ai trouvée entre la végétation des semences & l'apparition des animaux, je crains qu'elle ne soit de nature à ruiner l'opinion de ceux qui prétendent que ce sont de petits œufs qui produisent tous les phénomenes des animalcules microscopiques. L'harmonie que je viens de citer, paroît, au premier coup d'œil, une preuve assez plausible qu'il faut regarder la végétation comme la cause physique de ces phénomenes. Cependant la chose paroîtra fort équivoque & très-douteuse, si l'on veut y apporter une certaine attention.

On croit quelquefois appercevoir, entre deux choses, une connexion réelle & physique, semblable à celle qui se trouve entre l'effet & sa cause, tandis que, dans le vrai, il n'existe en cela qu'un accord qui ne tient lieu que d'une simple condition : c'est ce qu'il me seroit aisé de démontrer par plusieurs exemples tirés de la Physique & de l'Astronomie, si j'aimois à faire un vain étalage d'érudition : mais, pour me renfermer dans les bornes de l'Histoire Naturelle, je me contenterai de rapporter ici l'opinion des partisans de la putréfaction, qui revient très-bien à mon sujet.

Ces prétendus Philosophes s'étoient fortement persuadés que la corruption de la matiere peut engendrer des insectes, & ils étoient d'autant plus portés à le croire, qu'ils voyoient sensiblement que jamais les vers ne se montrent sur les chairs tant qu'elles sont saines & vives, & qu'ils y fourmillent aussi-tôt qu'elles commencent à se corrompre. Mais cette vieille erreur doit tomber devant toutes les observations & les expériences des Physiciens modernes. On sçait aujourd'hui que la putréfaction n'est qu'une simple condition qui peut avancer la naissance des insectes par la chaleur douce qu'elle communique aux œufs qui

ont

ont été déposés, dans cette vue, par les meres.

Mais, disent les Partisans des œufs, pourquoi ne pas croire que la nature suit ici sa marche ordinaire ? c'est-à-dire qu'une chaleur douce & modérée, qui sera propre à faire germer les semences des infusions, aura aussi la propriété de faire éclore les animaux dans les œufs que contiennent ces mêmes infusions, soit qu'un courant d'air les y ait portés, soit qu'ils se soient attachés à la surface intérieure des vases avant que de se mêler avec l'eau que l'on y a versée, ou enfin que les insectes mêmes les aient confiés aux graines avant l'infusion ?

Ils ajouteront ensuite que cela est fort facile à comprendre, puisque, si l'on exprime le suc des graines infusées, ou si l'on fait infuser celles qui ont germé en terre, on y découvre des animaux dans le moment même ; du moins on les voit naître peu de tems après.

Si l'on vouloit supposer que ces œufs se fussent mêlés avec la liqueur qui circule dans les petits canaux des graines, il seroit aisé de s'appercevoir que la chaleur les auroit mis en état de faire éclore ces petits vers qui se montrent ensuite dans le suc nourricier, ou dans l'infusion. Lorsque les semences concassées ou réduites en farine, ne produisent rien, c'est probablement parce que ces matieres ont été vitiées au point de ne pouvoir plus concourir à la naissance de l'animal, ou parce que l'on n'a pas donné le degré de chaleur nécessaire, ou enfin parce que les sucs, dont les œufs se sont abreuvés, étoient gâtés & corrompus ; car il est fort possible que le suc des infusions doive y concourir, comme la qualité des matieres sur lesquelles les meres déposent les autres œufs, doit contribuer à leur développement.

Des adversaires ingénieux feront valoir ces argumens, ou d'autres de cette nature, pour ne pas être forcés de reconnoître le rapport physique qui se trouve entre la végétation des semences & la naissance des animaux, rapport qui est vraiment celui de la cause à son effet. Ces difficultés ne suffiront point pour l'anéantir : cependant elles pourroient faire jetter des doutes sur cette vérité, si l'on n'avoit rien de mieux à leur opposer. Mais sont-ce bien-là des motifs suffisans pour douter ? c'est ce que nous verrons dans le Chapitre suivant, & dans le cours de cet Ouvrage.

CHAPITRE VI.

Examen des Phénomenes cités par M. de Needham, pour appuyer la vérité de son systême.

ON pourroit faire trois classes des preuves sur lesquelles M. *de Needham* s'appuye, pour prouver que ce ne sont point les œufs des meres qui engendrent les animaux microscopiques, mais la force végétatrice des substances que l'on fait infuser. Il tire la premiere des différens phénomenes que fournissent les infusions; la seconde de l'action du feu à laquelle il les soumet, & la troisieme de ce qui se passe dans les vases que l'on a eu soin de fermer, pour leur ôter toute communication avec l'air qui les environne. Il n'y a personne qui ne voye combien chacun de ces articles est intéressant; nous les discuterons donc chacun en particulier. Comme les phénomenes sur lesquels ce Physicien établit sa premiere preuve, demandent un examen sérieux & des détails circonstanciés, j'en ferai le sujet de ce Chapitre, & je réserverai les autres pour la suite de cette dissertation.

E ij

M. *de Needham* rapporte qu'ayant fait macérer pendant quelques jours des grains d'orge, & des femences d'autres légumes, il vit fortir de ces fubftances des ramifications très-déliées, ou, fi l'on veut, des filamens, qui n'étoient autre chofe que la végétation même des graines, (1) lefquelles, en peu de tems, s'accrurent confidérablement : il les coupa avec des cifeaux, & les pofa fur des cryftaux de montres. Il lui fut fort facile, par ce moyen, de préfenter ces cryftaux à la lentille du microfcope, & d'obferver les progrès de la végétation, fans être obligé de morceler ces petits filamens, ce qui ne pouvoit pas fe pratiquer auparavant dans les infufions ordinaires.

En effet, lorfque l'on préfentoit une goutte du fluide au microfcope, la végétation qui alloit fe former, ne pouvoit pas manquer d'éprouver un certain dérangement & une divifion, & alors il n'étoit plus poffible de pouffer l'obfervation plus loin. Ces cryftaux mirent M. *de Needham* en état de remédier à l'inconvénient, & de fuivre de près la nature dans les différens phénomenes de ces plantes ; elles n'interrompirent point leur végétation, quoique détachées du corps de a graine. Leur forme étoit prefque cylindrique excepté une de leurs extrêmités, qui prenoit la figure d'une tête assez grosse, & d'une certaine transparence. Ce fut autour de cette tête, ou à cette extrêmité, qu'il apperçut les animaux microscopiques privés de vie, en façon de semences ou de petits grains ; il les considéra avec plus d'attention, &, quelque tems après, ils lui parurent insensiblement s'animer, se mouvoir & s'agiter dans la liqueur (2).

Cette expérience annonce une grande sagacité & le génie de son Auteur : elle paroît même venir, avec assez de vraisemblance, à l'appui de son système ; ceci mérite donc toute notre attention : ainsi je dois rapporter, avec la plus grande exactitude, les expériences que j'ai faites à cette occasion ; & comme je serai forcé quelquefois de m'écarter du sentiment de M. *de Needham* pour ne m'attacher uniquement qu'à la vérité, j'aurai soin de le faire avec les égards qui sont dûs à la célébrité de son nom : je veux même mériter son estime, en combattant son opinion.

Revenons à notre sujet. Dans la vue d'obtenir tous les phénomenes dont parle M. *de Needham*, je m'en tins à la maniere dont il a lui-même opéré, comme la plus simple & la plus commode. Je semai en terre quelques légumes, & j'en coupai les racines lorsqu'elles commencerent à sortir de la plante. Elles étoient alors de la

E iij

grosseur d'un fil, & longues de la moitié d'un travers de doigt, *Fig. 10 & 11, Pl. 3*. Je les mis féparément avec un peu d'eau, dans de petits cryftaux concaves. Le microfcope me les fit paroître comme un tiffu de fibres longitudinales, qui s'étendoient jufqu'à la pointe de la racine. Avec l'œil feul, on appercevoit un duvet dans toute la longueur de la racine : mais, avec le microfcope, ce duvet paroiffoit formé d'une infinité de petits rameaux, qui fortoient du corps de la racine, & pouffoient au loin leurs branches. Les uns confervoient entr'eux une direction parallele ; les autres fe réuniffoient en formant un angle. Il y en avoit un grand nombre que l'on voyoit entrelacés & confus. Ceux-ci étoient tous d'une piece ; ceux-là de plufieurs morceaux, prefque ronds, à-peu-près comme des grains de chapelet. Ces petits rameaux avoient de la tranfparence. L'extrêmité, oppofée à la racine, s'arrondiffoit ordinairement, & avoit plus de groffeur que le refte du corps. En général, ils fe tenoient attachés fi fortement, qu'il n'étoit pas poffible de les défunir, foit en agitant l'eau, ou en les faifant changer de place.

Les racines qui m'ont fervi pour cette expérience, font celles de petits pois, & de pois chiches. Je les avois mifes dans l'eau le 13 Décembre, & je n'y avois d'abord rien apperçu qui fût animé. Le jour suivant, je vis, dans mes cryſtaux, une eſpece de vapeur épaiſſe, qui ſembloit ſortir de la racine même, & qui l'environnoit, mais qui, en s'en éloignant, devenoit beaucoup plus légere. Cette vapeur, ou, ſi l'on veut, ce voile, qui couvroit alors la racine, n'étoit qu'un amas de fils extrêmement déliés, *Fig. 11. Pl. 3.* ou plutôt de ramifications qui ſe coupoient & s'entrelaçoient en mille maniéres différentes, & s'uniſſoient à pluſieurs petits corps diſſeminés çà & là entre ces filamens.

Je n'y ai abſolument rien découvert qui parût avoir un principe de vie : ſeulement, vers le ſoir, j'ai vû quelques animaux, & le lendemain il y en avoit un grand nombre. En examinant de plus près ces infuſions, la vapeur m'a paru augmenter ſon volume ; elle étoit devenue beaucoup plus épaiſſe qu'auparavant. Pour les petits corps dont j'ai parlé, ils étoient bien diminués : ceux-même qui s'étoient formés les jours ſuivans, avoient diſparu avec eux. Mais les animaux s'étoient multipliés au point qu'ils couroient par bandes dans toute l'étendue du fluide, & rempliſſoient la capacité du vaſe. Leur volume étoit un peu plus grand qu'à l'ordinaire.

Comme M. *de Needham*, dont l'autorité eſt

infiniment respectable, avoit dit que l'on voyoit, autour de ces rameaux de la végétation, des animaux, qui d'abord étoient sans vie, & qui avoient l'air de graines éparses de côtés & d'autres, la ressemblance qui se trouvoit dans les petits corps dont j'ai parlé, & leur diminution qui paroissoit se faire à mesure que les animaux augmentoient, me porterent à croire qu'ils étoient eux-mêmes des animaux, mais des animaux immobiles, & encore morts, si je puis m'exprimer ainsi : quelques observations m'apprirent que je ne m'étois pas trompé. Je me contenterai d'en rapporter une entr'autres, autant pour abréger, que parce que toutes les autres me réussirent, quant au fond, à-peu-près de la même maniere.

Le 23 Septembre je coupai une des racines qu'avoit poussée un grain de froment, & je la mis, à l'ordinaire, sur un crystal de montre : elle y resta deux jours entiers sans rien produire. Il y avoit autour une forêt de filamens, & principalement au sommet, où ils étoient plus épais que dans les autres endroits. Le troisieme jour elle me donna beaucoup d'animaux fort petits, &, avec eux, des especes de masses teintes d'une couleur noirâtre. Les unes étoient posées sur le large tissu des filamens, ce qui contribuoit à les faire paroître encore plus sombres & plus obscures ; les autres en étoient enveloppées. Ces masses, du moins celles que l'œil pouvoit saisir aisément, paroissoient formées au-dehors d'un nombre infini de filamens entrelassés, & serrés les uns dans les autres. Je voulus sçavoir s'ils logeoient quelques animaux, & je ne quittai point le microscope que je ne m'en fusse entierement assuré. Sur les quatre heures il ne me resta plus rien à désirer là-dessus : voici comment ce phénomene se manifesta.

Je fixai attentivement la vue sur mes petites masses : au bout d'un quart d'heure il y en eut deux qui commencerent à s'agiter & à tourner sur elles-mêmes, sans néanmoins se transporter d'une place à une autre. Au milieu de ces contorsions, un animal sortit à moitié d'une de ces masses, & une seconde après, un autre en sortit de même : tous deux faisoient continuellement les plus grands efforts pour se débarrasser de cette prison : ils y parvinrent en effet au bout d'un certain tems, & me donnerent par-là le moyen de faire sur eux mes observations à découvert. Leur forme se rapportoit assez à celle des animaux que m'avoit donnés l'infusion des graines de citrouille, excepté qu'ils étoient plus petits, & n'avoient pas le bec si élevé ; je ne leur trouvai pas non plus, dans la taille, la beauté & la finesse de ceux-là. D'abord ils me parurent lourds, stupides, se traînant avec lenteur, mais insensiblement ils acquirent de la légéreté : en moins d'une demi-heure, ils devinrent aussi actifs que les animaux des infusions : leur forme même sembloit avoir acquis quelque perfection : du reste je les trouvai en tout si semblables aux autres animaux, qu'il est absolument inutile d'en parler davantage.

Mais je ne dois point ici passer sous silence l'apparition de quelques autres animaux, qui ne s'étoient point cachés, comme ceux-ci, dans une enveloppe épaisse : ils se montroient au contraire assez visiblement sur le tissu des filamens. Je ne les trouvai pas, au commencement, fort animés. Ce ne fut qu'au bout d'une heure & un quart qu'ils donnerent quelques signes de vie, par des secousses légeres, qui durerent environ une heure, en augmentant par degrés : ensuite ils commencerent à se transporter d'une place à une autre : après cela, ils se mirent à fuir, & se joignirent aux autres. Alors je les perdis de vue. Souvent, dans les endroits où ils avoient paru d'abord s'arrêter, comme absolument immobiles, on appercevoit des restes de petits corps secs, que j'étois tenté de prendre pour la pellicule qui leur avoit servi d'enveloppe : mais je ne donne ceci que comme une simple conjecture. Pour ce qui regarde la forme du corps, ces animaux étoient un peu plus gros que ceux qu'avoient produits les petites masses : ils avoient, comme eux, un extérieur difforme, & d'une mauvaise tournure.

La maniere dont ces petits animaux se produisent, m'a paru, en général, être à-peu-près la même dans plusieurs autres infusions où j'ai employé les cryftaux pour examiner la sommité des racines. Je dois même observer que l'on réussit également bien dans cette expérience, soit que l'on se serve de ces racines, soit que l'on prenne le germe que la graine pousse au-dehors.

Il est bon d'avertir, à cette occasion, que les graines qui montrent leur germe, ou de petites barbes, réussissent plus heureusement lorsqu'on les a mises en terre, que quand on les a fait germer dans l'eau. A peine les a-t-on posées sur le cryftal, qu'elles donnent à l'œil une prodigieuse quantité d'animaux. Du reste, si l'on a soin de se conformer, avec exactitude, à la méthode que je viens d'indiquer, on peut être très-certain que l'on ne manquera pas de voir ces petits animaux se produire, & que l'on aura l'agrément de prendre, pour ainsi dire, la nature sur le fait.

Cependant il faut que l'Observateur joigne à une vue très-bonne, & à beaucoup d'attention, un grand fond de patience : car souvent l'opération demande que l'on tienne l'œil fixé pendant des heures entieres, & sans discontinuation. Il n'est pas possible de prescrire là-dessus des regles certaines, parce que l'apparition, plus ou moins tardive des animaux, dépend de la chaleur, plus ou moins grande, de la saison. Seulement il arrivera qu'en été l'œil aura bien moins d'efforts à faire, pourvu que l'on ait soin de rafraîchir, de tems en tems, la goutte de l'observation, en y ajoutant une nouvelle eau avec la pointe d'une plume, pour réparer la perte continuelle qu'elle éprouve par l'évaporation.

Ce phénomene montre, avec assez d'évidence, que mes expériences sont parfaitement conformes à celles de M. *de Needham*, & qu'elles doivent servir à démontrer que les petits corps, qui d'abord paroissent immobiles dans les infusions, y sont sensiblement animés. C'est à M. *de Needham* que je suis redevable de cette découverte, c'est lui qui m'a mis sur la voie pour y parvenir. J'aurois désiré pouvoir de même dire, avec lui, que ces petits corps qui s'animent, ont appartenu auparavant à la plante qui végéte, & en font des portions détachées, comme il le prétend, afin d'adopter, de concert, cette propofition, *qu'un végétal fe convertit en un animal*. J'aurois été charmé de concourir par-là à affermir une même opinion, quoique fous un ciel différent du fien. Accord heureux qui, fuivant la remarque d'un de nos Savans, eft toujours, en Philofophie, une des plus fortes preuves de la vérité ! Mais quelques efforts que j'aie faits pour interroger la nature, je l'ai toujours trouvée muette fur ce point.

Ce duvet épais qui entoure la racine, ou le germe, & qui fe trouve formé, comme nous l'avons dit, par un amas de plufieurs petits rameaux accrochés au tronc par une extrêmité, ce duvet, dis-je, n'en eft conftamment pas une extenfion. Cette vérité eft trop fenfible pour avoir befoin d'une démonftration. La vapeur épaiffe, qui fe forme fucceffivement, qui va enfuite jufqu'à obfcurcir la liqueur, & qui eft vraiment un tiffu de filamens entrelaffés, ne doit être regardée que comme une végétation qui provient de la racine même, fuivant l'opinion de M. *de Needham*. Elle eft comme le principe duquel les fibres doivent émaner : cela paroît évidemment par la diminution continuelle qu'elle éprouve, & par la forme même de ces filamens, tout-à-fait semblable à celle des fibres qui composent le corps de cette même racine.

Mais que l'on doive appliquer ce raisonnement aux petits corps qui s'animent dans l'infusion, c'est ce que je n'oserai point en conclure par deux motifs. Le premier, est la différence sensible qui se voit d'un côté dans l'organisation des petits corps dont il s'agit, & de l'autre, dans les substances qui composent la racine, ou qui lui appartiennent originairement. Ces substances ne sont qu'un tissu de petits nerfs, ou de petites fibres, qui s'entre-coupent, tandis que la texture des petits corps, qui paroissent vivans, est semblable à celle des autres animaux, que l'on peut prendre vraiment pour un amas de véficules brillantes, qu'enveloppe une peau très-polie, & qui ne montre aucunes fibres à l'œil.

La seconde raison, qui m'arrête, est que s'il faut regarder ces petites particules de la racine, comme s'ouvrant un passage du regne végétal au regne animal, on devroit aussi accorder le même avantage à celles qui se décomposent & se détachent de la racine, ou bien à celles qui sont destinées à produire le duvet. Cependant une expérience, que j'ai suivie constamment pendant plusieurs semaines, ne m'a jamais fait appercevoir cette métamorphose.

Si M. *de Needham* prétend que la force de la végétation, qui agit intimement dans la matiere, & qui se distribue sur chacune de ses parties, de quelque ténuité qu'elles soient, doit la configurer, de maniere qu'elle puisse, dans certaines circonstances, changer absolument la premiere forme de quelques particules, pour leur en donner une nouvelle : s'il veut que cette force les éleve à la dignité d'animaux, & qu'en même tems elle en laisse d'autres dans leur ancien état de substances purement végétales, ce qui paroît être une suite de ses principes, pourquoi s'est-il contenté de nous le dire simplement, & pourquoi n'a-t-il pas orné ce système de quelques expériences particulieres ?

Je ne pense pas que l'on doive beaucoup s'arrêter à cette opinion, vû que les petits corps se montrent, & prennent leur principe de vie autour, & au sein même des substances des végétaux, & que jamais on ne les trouve, dans les cryftaux, qu'unis aux matieres qui végétent. Un phénomene de cette nature, pourroit également arriver dans le système de ceux qui veulent absolument que les animaux ne tirent leur origine que d'un œuf ; ce que je peux prouver par un fait que je regarde comme un amufement utile. Il eft bon de changer de matiere pour un inftant.

Un jour de printems j'étois occupé à examiner une infufion de fèves, lorfque j'apperçus un mouvement fubit dans différentes parties de la matiere : ce mouvement avoit quelque chofe d'extraordinaire, qui fixa mon attention : il étoit occafionné par un corps qui tiroit fur le blanc, & que l'œil feul pouvoit à peine appercevoir, mais qui, vû au microfcope, paroiffoit un énorme géant au milieu des autres animaux. Il s'agitoit de mille manieres pour fe dégager d'une enveloppe : enfin, fes efforts l'affranchirent de fes fers. En le confidérant plus attentivement, je vis que c'étoit un ver blanc, compofé de plufieurs petits anneaux. Ce qui avoit formé fon enveloppe, n'étoit autre chofe que la pellicule de l'œuf duquel il étoit forti.

Cette obfervation fut caufe que je fufpendis la recherche des animaux microfcopiques, livré entierement à la fingularité du phénomene. J'examinai donc fcrupuleufement fi, par hafard, il n'y auroit point eu, dans l'infufion, quelques œufs d'animaux déja nés, ou prêts à naître ; j'en apperçus en effet une vingtaine, & même plus encore, les uns placés fur la partie fupérieure

du

du fluide, épaissi par le mêlange des graines qu'il tenoit en diffolution, les autres attachés à trois grains de feves qui en étoient fortis. Leur volume n'étoit pas égal. Les plus gros égaloient environ la moitié de ceux des groffes mouches : pour les plus petits, l'œil pouvoit à peine les appercevoir. En les preffant avec l'ongle, on entendoit un petit bruit, comme il arrive quand on écrafe les œufs des infectes, & il en fortoit une petite goutte d'une liqueur gluante. Je les vis tous éclorre dans l'efpace d'une femaine. Les vermiffeaux qui en fortirent, fe plongerent dans l'eau trouble du vafe, & en firent leur nourriture, ou du moins des matieres qu'elle renfermoit, & qui pouvoient être pour eux un mets fort agréable.

Jaloux de m'affurer des réfultats que me donneroit l'obfervation de ces nouveaux hôtes, je plaçai, dans une boîte bien fermée, le vafe où ils étoient, dans la crainte qu'ils ne vinffent à m'échapper, lorfqu'ils fe transformeroient en chryfalides, fi, par hafard, ils devoient éprouver ce changement de forme ; & en effet ils le fubirent, à mes yeux, quelques jours après : je les trouvai même fortis de l'infufion : les uns s'étoient attachés légérement au fond du vafe, les autres s'étoient logés dans les angles de la boîte.

F

Parmi ces chrysalides, il y en avoit qui étoient d'un rouge safrané : quelques-unes d'entr'elles avoient une couleur de châtaignier : elles me donnerent trois sortes de moucherons d'une taille élégante, les uns plus grands, les autres plus petits, mais tous proportionnés à la grandeur du ver sous la forme duquel ils s'étoient d'abord montrés. Les plus grands avoient le tiers de la grosseur de ces mouches que l'on voit roder autour de nos tables, & ils étoient armés de deux ailes, plus grandes à proportion que le reste du corps : ils tiroient un peu sur la couleur d'un rouge pâle, sur-tout du côté de la tête, & lorsqu'ils prenoient leur vol, ils étoient lourds & paresseux.

A cette espece, en succéda une autre de moucherons plus petits, & d'une couleur plus foncée, tous meublés de deux ailes étroites, & qui leur donnoient un vol plus facile. Leur ventre se terminoit en pointe, avec toutes les proportions d'un cône régulier. Six petites pattes sortoient de la partie inférieure du corps, & leur servoient à marcher avec beaucoup de vîtesse. Pour ceux de la troisieme espece, c'est-à-dire les plus petits de tous, ils excédoient à peine, dans tout leur volume, la grosseur d'un grain de sable. Ils étoient d'un verd obscur, munis de deux ailes, presque aussi grandes que toute la longueur du corps.

Lorsqu'une fois je fus suffisamment éclairé sur ces différens phénomenes, il me fut fort facile de distinguer plusieurs de ces moucherons, parmi d'autres de différente espece, avec lesquels ils se mêlerent; ils s'attroupoient à l'entour de mes vases, & souvent se glissoient doucement au-dedans, en y descendant par les bords pour y déposer leurs œufs chéris; ces œufs donnerent de nouveau de petits vers, qui devinrent, à leur tour, des chrysalides & des moucherons.

Combien de fois ce changement de scène ne m'a-t-il pas procuré l'amusement le plus agréable? Une centaine d'infusions, que je mis l'hiver suivant dans des phioles de verre, se trouverent, au mois d'Avril, remplies la plupart de plusieurs especes de vermisseaux, qui, parvenus à un certain degré de vigueur, s'échapperent de mes vases, chercherent un lieu sec, & garnirent de leurs chrysalides la corniche du buffet sur lequel les vases étoient posés.

Je reprends maintenant le fil de mon discours. Le phénomene que je viens de rapporter, ne doit pas suffire pour nous porter à en conclure légitimement que les animaux microscopiques naissent des plantes qui végétent, parce

F ij

que nous les trouvons toujours dans ces plantes. Ce ne feroit point-là, je le fçais, une bonne maniere de philofopher. Mais les partifans du fyftême des *Ovipares* pourront en tirer une conféquence oppofée, & qui paroîtra affez concluante : ils diront ; les animalcules microfcopiques, ainfi que les vers des moucherons, s'engendrent dans les fluides, toutes les fois qu'ils y trouvent différentes fubftances des végétaux, foit que ce foient celles des germes, & des racines que pouffent les femences, foit que ce foient les femences mêmes que l'on a fait macérer & diffoudre dans le fluide ; les uns & les autres habitent également dans la même demeure, fe nourriffent des mêmes fucs, s'agitent & fautillent dans ces eaux épaiffes & fétides : tous enfin, au bout d'un certain tems, meurent & difparoiffent : or, comme il eft démontré par l'expérience que les moucherons fortent tous d'un œuf, pourquoi vouloir refufer cette origine aux animalcules, ou plutôt pourquoi ne pas dire qu'elle leur eft commune ? N'eft-il pas manifefte que, tant qu'ils féjournent dans le fluide, ils fe montrent fous la forme de vermiffeaux, & que lorfqu'ils ont abandonné la liqueur, ç'a été pour fe retirer dans un lieu fec & tranquille, & s'y transformer en chryfalides. On eft bien fondé à croire qu'ils paffent de l'eau dans l'air, puifqu'en moins de quelques heures, & fur-tout dans les grandes chaleurs de l'été, il en périt fort fouvent des armées entieres, fans que l'on en ait vû un feul de mort, & dont le corps ait furnagé. Cependant, lorfqu'ils fe font confervés conftamment dans l'état de vermiffeaux, & qu'enfin ils y ont péri, on devroit bien voir leurs cadavres flottans fur le fluide, comme il arrive lorfqu'ils fubiffent un trop grand degré de chaleur de la part du feu ou du foleil. M. *Valifnieri*, fi verfé dans l'art de faire des expériences, n'a-t-il pas obfervé que les anguilles du vinaigre proviennent des œufs qu'un petit moucheron y a dépofés ? que ces vermiffeaux, lorfqu'ils font parvenus à un certain développement de leurs organes, fe changent en chryfalides, & qu'il en naît des moucherons femblables à leurs peres ?

Si l'on demande pourquoi nous appercevons les animalcules, tandis que nous ne découvrons pas également leurs œufs, il eft fort aifé de répondre que probablement lorfqu'on les voit fans mouvement, c'eft qu'ils font dans l'œuf même, & que quand ils fe trémouffent & s'agitent, ce font autant d'efforts qu'ils font pour en fortir, en abandonnant la petite coque, ou écorce qui demeure vuide & fans mouvement.

On a une preuve conſtante de tout ceci, en ce que ces ſortes de dépouilles, comme on l'a déja obſervé, ſe trouvent, en plus grande quantité, dans les endroits où ils ſont nés. Mais nous ne les appercevons aiſément à la vue ſimple, qu'autant qu'ils ſont brillans & diaphanes. Ce n'eſt qu'à l'aide de cette tranſparence que l'on diſtingue les organes de l'animalcule qui eſt renfermé dans ſon écorce; & il a cela de commun avec les œufs de pluſieurs autres inſectes, à travers leſquels on voit l'animal lorſqu'il eſt ſur le point d'éclorre. De-là, il arrive que ſi les œufs ne ſont pas encore portés à un certain point de maturité, de même que la machine de l'animalcule, & que celle-ci ſoit encore comme ſous un point de matiere, il eſt conſtant que la vivacité de ſon éclat la dérobe à la vue, d'autant plus que ce doit être là probablement le moment où ces œufs ſont plus petits, comme le ſont alors les œufs des autres inſectes. Cette tranſparence eſt ſi grande dans ces animaux, que ſouvent on ne ſongeroit point du tout à les obſerver, s'ils ne faiſoient pas quelque mouvement, & elle peut fort bien faire qu'ils échappent à la vue, même avec le ſecours du meilleur microſcope, lorſqu'ils abandonnent le ſéjour de leur liqueur, en grimpant le long du col des vases pour se changer en chrysalides. Il est fort possible, ajouteront ces mêmes Philosophes, de suivre ceci attentivement avec l'œil, mais il n'est pas également facile de pouvoir saisir le moment fortuné où ce passage s'opere.

CHAPITRE VII.

Examen de quelques autres Phénomenes qui appartiennent à ce sujet.

JE me suis assez étendu sur les phénomenes que je viens de rapporter : il en reste deux qui paroissoient rentrer dans la même classe, & sur lesquels je voudrois m'arrêter un moment ; M. *de Needham* prétend en tirer de nouvelles preuves, qui doivent venir à l'appui de son opinion.

Le premier phénomene concerne les filamens que jettent les semences que l'on a fait infuser : on sçait que les petits lambeaux dans lesquels elles se partagent, nous paroissent s'agiter, faire des efforts, & passent visiblement d'un lieu à un autre, comme M. *de Needham* lui-même en convient, tandis qu'auparavant on les avoit vûs souvent en repos, & comme immobiles. Il m'est arrivé, nous dit M. *de Needham*, de voir un atôme se détacher des autres, qui alors n'avoient aucun mouvement, &, qu'après avoir parcouru un espace huit ou dix fois plus grand que la longueur de son corps, il s'arrêtoit au milieu des autres atômes, puis reprenoit sa route de nouveau, & la suivoit avec une allure semblable à la premiere. Or, nous ne dirons pas que ce mouvement soit spontané, tant parce que les atômes ne savent point éviter les obstacles qui se rencontrent devant eux, que parce qu'ils n'ont pas les autres marques caractéristiques de la spontanéité. On ne prétendra pas non plus qu'il faille attribuer cela à une commotion, à une fermentation de la liqueur, ou bien à une évaporation des parties volatiles, puisque nous voyons souvent un gros atôme se détacher d'un plus petit, tandis que celui-ci reste en repos. C'est donc l'ouvrage d'un principe interne, ou d'une force qui agit sur chaque élément de ces atômes visibles, & les détermine à passer du regne végétal dans le regne animal, ou plutôt c'est par l'action de ce principe que les petites parcelles des semences commencent à se transformer en de vrais animaux. Ce principe a non-seulement un pouvoir de cette nature, mais il est encore doué de celui de faire rentrer ces mêmes animaux dans la classe des plantes.

M. de Needham a encore fait la découverte d'un autre phénomene : selon lui, plusieurs animaux, après avoir été formellement engendrés par les plantes, se convertissent de nouveau, par un jeu singulier de la nature, en de petites plantes d'une autre espece ; ces plantes redeviennent, à leur tour, des animaux d'un grade inférieur, & ceux-ci encore des plantes, & ainsi du reste.

Pour ce qui regarde le premier phénomene cité par M. de Needham, j'ai observé plusieurs fois, qu'indépendamment des animaux aquatiques, les autres petits corps étoient aussi pourvus de mouvement ; qu'ils n'étoient pas vraiment des animaux, mais de petites portions de matiere qui avoient pû se dissoudre par la macération ; & pour ne pas trop m'étendre sur ce sujet, je me bornerai à un seul exemple.

Dans une infusion faite avec de la graisse de veau, on voyoit une fourmilliere de très-petits animaux, & on distinguoit, parmi eux, d'autres corps qui paroissoient avoir des caracteres fort différens. Les animaux avoient une figure ronde & beaucoup de transparence, remplis au-dedans des petites boulles que l'on a coutume d'y voir. Pour les petits corps, ils étoient opaques, courts & inégaux. Ceux-là sçavoient éviter, dans leur course, les obstacles qui se rencontroient devant eux, changeoient souvent, & tout-à-coup, leur marche directe en rétrograde, & revenoient sur leurs pas, tandis que ceux-ci, en se transportant d'un lieu à un autre, donnoient aveuglément dans les corps qui se trouvoient sur leur passage, & paroissoient visiblement ne suivre aucune route déterminée. La matiere même, dont ils paroissoient formés, étoit une véritable graisse, divisée en petits fragmens, ce que l'on connoissoit évidemment à la ressemblance qui se trouvoit entr'eux & les autres parties qui entrent dans la composition de la graisse; seulement il y avoit cette différence qu'on leur voyoit, comme je l'ai dit, une sorte de mouvement, tandis que la graisse étoit absolument immobile.

Je ne pense cependant point, malgré cela, qu'il faille légitimement en conclure que le mouvement des petits corps, observés par notre Auteur, soit une preuve évidente du passage d'une matiere du regne végétal dans le regne animal, puisqu'il est très-possible, si je ne me trompe, de donner à ce phénomene une autre explication qui me paroît beaucoup plus directe & plus naturelle.

Jaloux de sçavoir au juste ce qu'étoient ces petits morceaux de graisse que je voyois rouler çà & là assez irrégulierement, je voulus les délayer avec un peu d'eau, parce que celle du vase étoit réduite en bouillie épaisse par l'évaporation continuelle qu'elle avoit éprouvée : je pris donc, avec la pointe d'une plume à écrire, un peu de cette liqueur, qui, au microscope, étoit un amas d'animalcules & de morceaux de graisse, les uns en mouvement, les autres en repos ; je la détrempai, je la délayai avec une goutte d'eau pure, & en effet les petites parties de la graisse en devinrent bien plus déliées, mais presque toutes demeurerent en repos ; la liqueur ne fit que s'enrichir d'un grand nombre d'animaux, ce qui vraisemblablement ne pouvoit pas provenir de mon eau, puisque je l'avois visitée auparavant, & que je n'y avois rien trouvé qui donnât aucun signe de vie. Je jugeai donc que les petits morceaux de graisse, qui paroissoient se mouvoir, ne pouvoient être autre chose que la demeure des animaux de l'infusion, qui, par les différens efforts qu'ils faisoient en s'agitant dans cette enveloppe, donnoient à cette graisse un mouvement circulaire. Il n'est pas fort étonnant qu'après avoir brisé ce tégument, ils soient venus se joindre aux autres animaux, pour en augmenter le nombre.

Cette expérience, faite exactement, à différentes reprises, m'a toujours donné les mêmes résultats ; & toutes celles que j'ai faites par la suite, n'ont servi qu'à m'affermir dans mon opinion. On sçait que toutes les graines qui sont mises en infusion, ont une tendance naturelle à se corrompre, au bout de quelques jours, principalement en été, & que l'eau les divise, de façon que ce ne sont plus que des points de matiere presque insensibles. Or, ces points, on les auroit pris pour de vrais animaux, parce qu'ils étoient tous en mouvement, si l'on n'eût pas fait attention qu'un mouvement de cette nature n'avoit rien de régulier, tandis qu'on voit évidemment le contraire dans celui des animaux ; c'étoit une agitation aveugle, qui appartenoit à un autre principe ; & cela se manifesta, en ce qu'ayant détrempé avec de l'eau une portion de cette matiere, on l'a vit fourmiller par-tout d'un déluge d'animaux, qui, d'abord attachés, & unis à ses parties, se déroboient à l'œil, & ne faisoient paroître qu'un bouillonnement général & confus.

Or, en supposant la vérité de ces phénomenes, pourquoi ne prononcera-t-on pas, sans craindre de se tromper, que les atômes de M. *de Needham*, malgré le mouvement qui paroît les animer, ne sont point des portions de la graine qui commencent à s'animer, mais seulement de petits animaux qui s'y trouvent emprisonnés, & que les efforts qu'ils font, occasionnent le transport de ces atômes d'un endroit à un autre.

Voilà ce que j'ai cru devoir en penser d'après une infinité d'observations qui n'ont fait qu'ajouter de nouvelles lumieres à celles-ci. J'en ai le témoignage de mes yeux, pour avoir vû évidemment des groupes d'animaux sortir de ces petites portions des semences dissoutes, après s'être agité en rond, & porté en différens endroits, de la même maniere que ceux qui ont été découverts par notre Auteur. Que s'ils restoient enfermés dans ces morceaux de la graisse ou des graines, c'étoit probablement, ou parce qu'ils n'avoient point assez de force pour s'affranchir de cette prison obscure, ou parce qu'ils ne cherchoient point encore à en sortir, par le plaisir qu'ils trouvoient à séjourner dans ces demeures sombres, mais agréables pour eux. On en a une preuve dans ceux qui s'attroupent par goût au milieu, & à l'entour des petits morceaux de matiere que l'on a faits macérer, sans jamais songer à changer de place.

Venons maintenant au second phénomene, je veux dire au célebre changement des animaux en végétaux. Il eſt fâcheux que M. *de Needham* ſe ſoit contenté de prendre la peine de nous le dire, (1) & qu'il n'ait pas voulu nous apprendre comment il eſt parvenu à cette découverte, ou même nous faire part des précautions exactes qu'il faut mettre en uſage pour cela ; peut-être, s'il eût eu cette attention, auroit-il diminué la répugnance qu'éprouvent bien des gens pour admettre une métamorphoſe ſi étrange, & ſi bizarre.

Je me ſens aſſez de courage pour dire qu'un ſemblable miracle, dans la nature, eſt tout-à-fait nouveau pour moi ; il n'y a point d'expériences que je n'aie miſes en uſage avec une patience incroyable ; point d'artifices que je n'aie employés pour parvenir à cette découverte, & acquérir là-deſſus quelque certitude ; mais ſoit défaut de lumieres néceſſaires pour une choſe auſſi délicate, ſoit faute d'avoir ſçu choiſir une main aſſez heureuſe pour des obſervations de cette nature, j'avoue ingénument que tous mes efforts, à ce ſujet, ont été abſolument inutiles & vains.

Je m'étois bien apperçu, comme je l'ai déja dit pluſieurs fois, des différens changemens qui arrivent dans les infuſions ; tels ſont la prodigieuſe multiplication des animaux, la diminution qui s'en eſt faite par degrés, & leur diſparition totale. Souvent à l'extinction d'une eſpece en ſuccédoit une autre ; ſouvent pluſieurs eſpeces, confuſément unies, ſe combinoient enſemble ; mais il n'étoit pas poſſible de ſuivre, juſques dans les plus petites circonſtances, le paſſage que font ces animaux d'un état à un autre, & de s'en aſſurer dans ces ſortes d'infuſions, ſans être auparavant en état de retirer toutes les plus petites gouttes du fluide. Les racines & les germes mêmes, que l'on place ſur les cryſtaux, ne ſont point, à mes yeux, exempts de difficulté, vû cette quantité de petits rameaux verds qui les entourent, & ces paquets de filamens que le tems fait naître dans les cryſtaux ; tout cela peut porter l'Obſervateur à douter s'il faut attribuer ces productions à la ſubſtance des animaux qui périſſent, ou plutôt ſi elles appartiennent aux germes & aux racines. Le parti enfin pour lequel je me déterminai, fut de m'en tenir à ces deux expériences.

Je fis infuſer douze germes, à l'ordinaire, dans une douzaine de cryſtaux, ils étoient tous tirés de ſemences différentes ; je retirai enſuite ces germes, lorſqu'ils eurent donné à la liqueur une grande abondance d'animaux ; j'enlevai avec eux le duvet : ce fut un embarras de moins dans mes cryſtaux. Quant aux filets, comme j'ai démontré qu'ils ne provenoient que des fibres & de la diſſolution des végétaux, il n'y en avoit pas une certaine quantité, parce que les germes n'avoient pas ſéjourné aſſez long-tems dans la liqueur. On n'y voyoit uniquement qu'une infinité de petits corps qui troubloient la tranſparence de l'eau, mais qui ne devoient nullement empêcher l'exécution du deſſein que je m'étois propoſé. L'autre partie de mes expériences fut exécutée dans un nombre égal de cryſtaux où l'on avoit verſé l'eau de douze infuſions différentes, & qui, toutes, contenoient beaucoup d'animaux. Muni donc de mes vingt-quatre cryſtaux, que j'appellerois volontiers des cryſtaux animés, & dont chacun pouvoit aiſément être préſenté au microſcope, ſans occaſionner aucune altération, ni aucun dérangement, je me diſpoſai à les examiner attentivement tous les jours, pour parvenir, par ce moyen, à la découverte d'un ſecret auſſi caché.

Il étoit donc néceſſaire que les animaux parvinſſent à une certaine maturité avant que de ſe transformer en plantes : tout me paroiſſoit bien préparé pour cela ; on ne pouvoit gueres leur donner un fluide plus homogene & plus favorable ; l'eau ne leur manqua jamais : j'eus ſoin foin d'en renouveller les gouttes, en puifant dans celle qui avoit fervi à faire l'infufion ; mes animaux avoient abondamment la nourriture néceffaire à leur fubfiftance, parce que le fluide fut toûjours rempli de ces petits corps qu'ils recherchent avec tant d'avidité. Ceci fe paffoit le 25 du mois d'Août, & le 26 il ne paroiffoit aucune différence dans tous les cryftaux, excepté que la liqueur étoit devenue plus claire & plus tranfparente par le dépôt des matieres hétérogenes qui s'étoient précipitées au fond, & y formoient des fédimens de différentes couches.

Le 27 & le 28 ces fédimens augmenterent, & par ce moyen la liqueur s'éclaircit, mais cela n'apporta aucun changement dans les animaux qui l'habitoient. Le 30 je m'apperçus de quelque diminution dans deux ou trois efpeces de ceux qui étoient fortis des germes ; je fixai l'œil alors fur le microfcope pour tâcher de découvrir s'il n'y avoit point eû en leur place quelque nouvelle végétation, mais je ne pus rien découvrir, dans ce moment, ni même par la fuite ; mes animaux allerent toûjours en diminuant.

Avant qu'ils euffent tous difparu, j'en vis quelques-uns hors de l'eau qui étoient morts, & beaucoup plus petits qu'auparavant ; le refte de ce petit peuple mourut ainſi peu-à-peu ſans que jamais j'aie pû ſçavoir ce qu'il étoit devenu. La liqueur ſe montroit toûjours plus limpide, par le moyen des ſédimens précipités au centre de mes cryſtaux, mais je n'y apperçus plus aucun animal vivant.

Telles furent les obſervations que je fis ſur deux ou trois eſpeces d'animaux, & même ſur pluſieurs autres, placées dans des cryſtaux. J'en excepte quelques légeres différences que je ne rapporterai point, parce qu'elles ne ſont pas eſſentielles : je veux épargner à mon Lecteur la peine de ſuivre ces détails. La ſeule particularité qui mérite d'être obſervée, fut que quand une eſpece, qui avoit peuplé un fluide, commença à s'éteindre, une autre colonie, mais compoſée d'animalcules infiniment plus petits, lui ſuccéda, & ſubſiſta environ une quinzaine de jours. L'extrême petiteſſe de ces individus ne me permit point d'en diſtinguer les formes : je n'en pus voir qu'un nombre prodigieux & qui augmentoit chaque jour.

Voilà tout ce que m'apprirent ces deux expériences : toutes celles que je tentai par la ſuite, ne m'éclairerent pas davantage ſur ce point : ce phénomene, que j'avois ſi fort à cœur de découvrir, fut toûjours une énigme pour moi.

Mais si le hasard ne m'a pas mis à portée de faire cette découverte, dois-je en conclure qu'il faudra nier l'existence du phénomene ? La profonde vénération, dont je suis pénétré pour M. *de Needham*, m'impose silence, & ne me permet point de révoquer en doute un fait qui a été avancé par un homme aussi respectable. Qu'il me soit seulement permis de lui faire part des soupçons que mes expériences ont pû faire naître à ceux qui ne sont point partisans décidés de son système ; les Philosophes prudens, & ennemis de toute partialité, en feront l'usage le plus convenable. On pourra dire : les animaux, qui d'abord abondent dans les cryftaux, se perdent lentement au bout d'un certain tems ; les petites substances des végétaux, dispersées dans la liqueur, descendent au fond du vase, & souvent il arrive que ce dépôt est suivi d'une nouvelle classe d'animaux beaucoup plus petits que les premiers. Ne peut-il pas se faire que, dans une si grande multitude de choses, notre Auteur, naturellement incliné pour son système, n'ait pas toûjours vû ce qu'il a cru appercevoir, soit qu'il se soit déterminé pour cette maniere d'opérer, soit qu'il en ait choisi une autre ?

Lorsque les animaux diminuent, les fibres se détachent des végétaux, & leurs ramifications descendent jusqu'au fond de la liqueur ; au commencement on en voit peu, parce qu'elles sont dispersées çà & là, mais en se précipitant elles se réunissent, & paroissent en plus grande quantité : or, celui qui fait cette observation, & qui la trouve conforme à sa façon de penser, ne doit-il pas naturellement être porté à croire que cet amas, auquel M. *de Needham* donne le nom de végétation, est une production faite aux dépens des animaux qui viennent de disparoître? Comme il y en a d'autres d'une espece plus petite, qui succédent au sédiment de ces matieres, on pourroit se persuader, par la même raison, que c'est de cette maniere qu'ils ont été engendrés.

Lorsque nous nous avisons de bâtir un système que nous étayons sur quelque expérience favorable, nous avons la malheureuse habitude de nous y attacher, de maniere que nous interprêtons toûjours en notre faveur les expériences les plus indifférentes, & même celles qui sont équivoques, & que fort souvent nous croyons voir des phénomenes qui n'existent pas, mais dont nous désirons l'existence. *Leuvenoech*, qui sembloit avoir fait la conquête d'un univers peuplé d'objets invisibles, étoit fortement persuadé que la génération se faisoit par le moyen des vers spermatiques; & plein de cette idée, il n'a pas balancé un inſtant pour nous dire que ſi on leur trouve tous les caracteres des animaux, une tête, un buſte, une queue, il n'en faut pas davantage pour être en droit de les regarder comme des animaux véritables & parfaits. Cependant pluſieurs Philoſophes, dont la plupart avoient beaucoup de célébrité, étoient bien convaincus au contraire, que tous les animaux, excepté les *vivipares*, ſortoient d'un œuf. Ils trouverent dans la femelle du *vivipare*, un amas de véſicules, remplies d'une humeur limpide, qui ſe coagule & ſe durcit comme la glaire de l'œuf, lorſqu'on la préſente au feu, & ils penſerent que ce ne pouvoit pas être autre choſe que le magaſin des œufs de l'animal.

Mais l'ingénieux M. *de Buffon* a démontré évidemment que ces prétendus traits caractériſtiques attribués par *Leuvenoech* au ver ſpermatique, ſont moins un phénomene exiſtant dans la nature, que l'ouvrage d'une imagination échauffée qui veut créer des objets. M. *de Valiſnieri*, quoique fortement attaché à l'hypothéſe des *ovipares*, convient qu'il ne s'eſt jamais apperçu que ces véſicules dûſſent être regardées comme autant d'œufs dans l'animal, & il en convient avec cette candeur qui caractériſe bien l'ame d'un grand Philoſophe. C'eſt ainſi qu'il détruit cette opinion fausse & trompeuse par des observations répétées avec beaucoup d'exactitude, qui sont d'autant plus certaines, & d'autant plus convaincantes, que c'est la seule maniere de parvenir à la connoissance de la nature.

Or, seroit-il possible de soupçonner que M. *de Needham* fût tombé dans une erreur de cette espece ? On sçait que l'ame de celui qui invente est naturellement vive & hardie, & que rarement elle marche avec une circonspection mesurée. Souvent l'éclair passager d'une apparence qui revient à son système, lui fait dédaigner cette prudente lenteur qui s'arme de précautions, & qui pèse ses expériences. En voilà assez sur ce sujet : peut-être me suis-je étendu avec trop de prolixité.

CHAPITRE VIII.

Expériences sur les Infusions exposées à l'action du feu.

LA seconde preuve que rapporte M. *de Needham*, pour servir d'appui à son système, est tirée de cette fameuse expérience qui se fait par le moyen du feu (1). On soumet à son action un petit morceau de viande ; enſuite on le fait infuſer, & au bout de quatre jours il donne des animaux. Aſſurément on ne dira pas qu'ils ſoient nés des œufs qui auroient pû ſe trouver dans l'infuſion, puiſque l'activité du feu a dû les attaquer, & leur ôter la propriété de produire, comme on voit qu'elle l'enleve aux œufs des oiſeaux & des inſectes, lorſqu'ils ont ſenti un trop grand degré de chaleur. Mais ſi l'expérience réuſſit, en ſe conformant aux procédés dont nous avons parlé, on ſera forcé de convenir que cette multitude d'animalcules ne ſuit point en naiſſant les voies ordinaires de la génération.

C'eſt ainſi que raiſonne notre Auteur Anglois ; & il a pour lui l'apparence de la vérité ; mais il auroit donné beaucoup plus de force à ſes preuves, ſi, à côté de cette expérience, il en eût placé un certain nombre d'autres de la même nature. Une ou deux obſervations ne doivent pas ſuffire pour mériter les ſuffrages des Philoſophes éclairés ; on ne les obtient, ces ſuffrages, que par une chaîne de faits évidens, conformes entr'eux, & ſuivis avec l'attention la plus marquée.

Je penſe qu'il auroit encore fallu paſſer du regne animal dans le regne végétal, en faiſant cuire & bouillir des grains de froment, de vefce, de bled de Turquie & de légumes femblables qui donnent beaucoup d'animaux ; en former un grand nombre d'infufions avec de l'eau bouillante ; les examiner avec foin, & comparer ce qui fe paffe dans l'eau chaude, avec ce qui arrive dans l'eau froide : car c'eft ici principalement que la nature nous ouvre un champ fpacieux & vafte, pour fatisfaire notre curiofité fur ces fortes de phénomenes. Si ces expériences obfervées avec tout le foin poffible, donnent les mêmes réfultats, & qu'on les rapporte avec candeur, toute conteftation doit ceffer dès le moment. Ce point doit paroître aux Philofophes de la plus grande importance.

Comme donc notre Auteur ne nous a fait entrevoir qu'une lueur fort foible par fa fameufe expérience, je penfe que mon Lecteur me fçaura quelque gré de lui mettre fous les yeux le petit détail des obfervations & des expériences que j'ai faites fur cette matiere, dans les deux regnes.

Je fçavois qu'outre les femences des plantes, les chairs des animaux que l'on a fait macérer dans l'eau, donnent de petits corps animés, qui font foumis par la nature aux mêmes loix que les autres, quoiqu'on ne les y trouve pas en auffi grand nombre. Je formai donc une fuite de huit infufions de viandes cuites dans l'eau bouillante. J'avois pris pour cela des chairs de différens animaux, & je fis en même-tems huit autres infufions avec leurs chairs crues, pour fçavoir fi les animaux viendroient auffi vîte dans les unes que dans les autres, bien réfolu de ne pas laiffer échapper la moindre particularité, fans y donner toute l'attention imaginable.

J'étois dans la plus grande impatience de voir le fuccès de mes travaux, lorfqu'au bout de deux jours tout me réuffit parfaitement, & d'une maniere bien conforme à l'opinion de M. *de Needham*. Il y avoit des animaux dans l'infufion de chair de bœuf crue; je jettai l'œil fur celle qui avoit paffé par le feu, & j'y en trouvai de même qui étoient fort vifs & fort agiles; leurs mouvemens n'avoient rien de gêné dans toutes mes infufions; cependant la vifcofité de la liqueur épaiffie, les contraignoit de s'arrêter de tems en tems; mais toutes les fois que je levois cet obftacle, en y mêlant un peu d'eau, leurs courfes devenoient plus rapides & de plus de durée; comme il m'étoit fort facile alors de les obferver & de les diftinguer, ils me parurent tous d'une belle forme, & portant fur eux les mêmes caracteres.

Ces animaux se montrerent encore à mes yeux pendant cinq autres jours ; ensuite ils diminuerent. La viande avoit été portée à une corruption insoutenable. J'en vis encore quelques-uns les jours suivans, & qui se maintinrent pendant quelque tems dans les infusions bouillies. Je ne m'amuserai point ici à rapporter toutes ces circonstances ; ce seroit m'appésantir sur des minuties. J'observerai seulement que les animaux ne différoient point de ceux qui avoient paru dans les infusions froides.

Cette conformité sembloit me promettre des résultats semblables pour la suite de mes expériences, de maniere que le feu dût ne déranger en rien la naissance des animaux, ou du moins y être peu contraire ; mais des observations plus suivies servirent bientôt à me désabuser, & m'apprirent qu'il est bien facile à un Philosophe de tomber dans l'erreur, lorsqu'entraîné par la précipitation, il veut ériger en regles générales le succès d'un petit nombre de tentatives. En effet, de vingt-cinq infusions que je fis de nouveau avec des chairs rôties, une seule me fournit des animaux, & ce fut celle où j'avois mis de la chair de veau, coupée en petits morceaux, & écrasée, tandis que les autres, qui étoient en grand nombre, n'en donnerent point, lorsqu'elles eurent senti l'action du feu.

Il est bon de remarquer ici que si je m'étois décidé inconsidérément, & avec trop de légéreté, j'aurois cru appercevoir des animaux dans presque toutes mes infusions, puisque la plus grande partie paroissoit vraiment, au premier coup d'œil, en contenir. Leur eau étoit devenue épaisse & infecte. Dans les unes, elle tiroit sur la couleur de feuilles mortes, & elle prenoit dans les autres, la teinte d'un rouge obscur. J'attribuai cet effet, autant à l'action du feu qui étoit devenu un puissant dissolvant de la matiere animale, qu'à la putréfaction qui en avoit détaché lentement les parties. L'eau de cette infusion, vûe au microscope, ne présentoit qu'un amas de substances farineuses, ou plutôt de petits grains ronds & polis, qui avoient une grande facilité pour se mouvoir, & que l'on eût aisément pris pour un tas d'animaux; mais en laissant reposer ce fluide si propre à faciliter le mouvement, on voyoit de même tous ces petits grains rentrer dans le repos, sans donner aucune marque de la plus légere agitation.

Je me suis assuré par un nombre infini d'autres expériences, de cette bizarrerie du feu, qui tantôt dépouille les infusions de leurs habitans, & tantôt leur en donne, après un délai de quelques jours. On ne soupçonnera assurément pas que le feu n'ait pas pû avoir assez d'efficacité sur celles qui renfermerent des animaux, puisque son degré avoit été porté dans quelques-unes, au point qu'une longue ébullition avoit entiérement défuni toutes les chairs.

J'ai vû la même chose arriver aux infusions préparées avec les matieres végétales. Parmi une vingtaine de celles que je fis à la fois, & avec différentes graines, dans le courant du mois de Septembre, il y en eut deux qui donnerent des signes de vie; ce furent celles de chenevis & de salade : mais au printems suivant, les choses prirent une tournure toute différente.

J'avois fait bouillir pendant une heure & demie sept especes de légumes, sçavoir, des haricots blancs, des haricots rouges, des vesces, des lentilles, du bled de Turquie, de l'épéautre & du froment ; je versai dans mes vases quelques gouttes de l'eau dans laquelle mes légumes avoient bouilli; tous, excepté un seul, renfermoient des animaux ; mais auparavant j'avois fait deux observations qui me paroissent mériter quelque attention ; la premiere est que l'infusion d'épéautre bouilli fourmilloit d'animaux dès le commencement du troisième jour, tandis que j'en appercevois à peine dans celle de la même graine, qui avoit été faite à froid : car j'avois eu soin de préparer sans feu sept autres infusions semblables. La seconde remarque que je fis, c'est que le bled de Turquie qui avoit bouilli, se remplit d'animaux deux jours avant celui qui n'avoit pas senti le feu.

La graine de trefle bouillie me fournit aussi une particularité fort amusante. Outre cette multitude infinie d'animaux, qui étoient également dans les infusions préparées sans feu, j'y vis un anguille belle & transparente, *Fig. 12. Pl. 3.* & de l'espece de celles qui vivent dans le vinaigre ; elle fendoit le fluide avec sa queue longue & forte ; sa couleur étoit si brillante, & ses mouvemens si vifs, qu'à chaque instant elle sortoit du champ du microscope, & que je l'aurois perdue de vûe entiérement, si je n'avois pas eu soin de tenir le verre de maniere, qu'elle fût toûjours dans le milieu du crystal. Mais ses mouvemens se rallentirent lorsque le fluide commença à se dissiper par l'évaporation, & elle demeura entiérement immobile, lorsqu'il fut desséché. Ce fut alors que je pus examiner attentivement le méchanisme intérieur de ses organes. Sa peau lisse & unie me parut toute parsemée de globules brillans; ces globules n'étoient point amoncelés comme dans les autres animaux, mais ils s'étendoient en ligne droite depuis la tête jusqu'à la queue, qui étoit terminée par une pointe très-déliée.

Je ne vis qu'une anguille pour cette fois; mais le jour suivant, elles s'étoient multipliées au point, que dans une seule petite goutte, j'en découvris trois grandes & dix petites, sans compter deux autres qui, étant mortes & courbées en forme d'arc, flottoient au gré de la liqueur.

Les plus belles de ces anguilles égaloient en longueur les plus grandes de celles que l'on trouve dans le vinaigre; mais elles les surpassoient en grosseur. Elles étoient douées d'une extrême agilité, &, selon l'usage des animaux microscopiques, elles marchoient par bandes, & s'élançoient sur les morceaux de matiere corrompue. Ce spectacle se présenta souvent à mes yeux, & je ne pouvois point me lasser de le contempler.

Il est tems de finir ce Chapitre par la conclusion générale que je tirai d'une centaine d'expériences que j'avois entreprises dans différens tems de l'année; ce fut, que l'action du feu peut bien ôter aux substances animales & végétales la faculté de produire des animaux, mais qu'il s'en trouve plusieurs auxquelles il ne l'enleve pas. Cette production eut également lieu, soit que les substances ne ressentissent le feu que pendant quelques heures, soit qu'elles éprouvassent son action au point d'en être entiérement désunies. Enfin, il fut également indifférent, ou de faire macérer dans l'eau froide les substances qui avoient éprouvé l'ébullition, ou de faire bouillir les infusions déja préparées, & de les laisser refroidir ensuite dans les mêmes vases où elles avoient subi l'action du feu, pour les disposer à la macération. La seule différence que l'on remarque entre les animaux des infusions froides, & ceux des infusions préparées au feu, vient de la grandeur & de la forme des uns & des autres.

CHAPITRE IX.

Les Objections formées par un François anonyme contre les expériences des infusions faites au feu, ne suffisent pas pour les détruire.

Aprés avoir rapporté les expériences faites au feu, & qui viennent à l'appui de celle qui a été citée par M. *de Needham*, passons maintenant aux objections qu'a formées l'Auteur du Livre qui a pour titre, *Lettres à un Américain*. Cet Auteur semble avoir fait tous ses efforts pour renverser de fond en comble le systême de M. *de Buffon* sur la génération ; ce ne sont par-tout que des saillies ingénieuses, & des jeux de l'imagination ; mais dans la onzieme Lettre, il se déchaîne avec fureur contre M. *de Needham*, & n'omet rien pour détruire son opinion. Ce n'est pas assez de vouloir combattre le sentiment de ces deux grands hommes, il ose encore entreprendre de jetter du ridicule sur leurs écrits. Laissons-là les bons mots & les plaisanteries qu'il répand avec complaisance, & contentons-nous de rapporter les deux objections ;

tions, avec lesquelles il entreprend de nous enlever l'expérience de M. *de Needham*.

Le premier & le plus fort des argumens de cet Ecrivain, est la défiance qu'il tâche d'inspirer, & le doute qu'il veut que nous ayons sur ce fait ; il soupçonne que c'est là plutôt une pensée ingénieuse de l'Auteur, qu'une vérité trouvée. Après cette supposition gratuite, il passe à sa seconde preuve ; & plein de confiance dans la force de son raisonnement, voici comment il s'explique : tous les animaux que l'on voit par hasard dans les infusions qui ont été exposées au feu, ne s'y trouvent qu'autant qu'ils ont pû surmonter l'activité de la flamme, ou que la chaleur y a fait éclorre les œufs. Mais d'après M. *de Needham* même, on ne sçait, ni quel degré de chaleur on peut faire supporter aux animaux dans le premier cas, ni celui qui est nécessaire pour faire ouvrir & éclorre les œufs dans le second.

Tel est le raisonnement de cet Anonyme. On sent assez que les expériences dont j'ai fait mention dans tout le cours de cet Ouvrage, ne permettent pas trop de déférer à son opinion. Je me trouve donc contraint de lui faire part de la mienne, avec toute l'honnêteté possible ; mais je dois le faire en même-tems avec une liberté vraiment philofophique. S'il m'eft permis d'annoncer mon fentiment au public avec toute la franchife dont je fais profeffion, je ne peux pas me difpenfer de dire à cet Auteur que ce n'a été qu'avec le plus grand étonnement, que je l'ai vû marquer des défiances, & jetter des doutes fur l'expérience de M. *de Needham*. Je fçais bien que ce Philofophe a fecoué ces préjugés ridicules, qui ont infecté une fi longue fuite de fiécles au grand détriment de la Philofophie; préjugés qui portoient nos Peres à embraffer aveuglément l'opinion d'un homme, que le tems & la renommée avoient rendu célebre; je fçais encore qu'aujourd'hui rien n'eft moins refpecté que les grandes réputations; mais je n'ignore pas non plus que lorfqu'il eft queftion d'obfervations & d'expériences, il faut les avoir répétées avec beaucoup de circonfpection, avant que d'ofer prononcer qu'elles font douteufes ou menfongeres. Celui qui viendra nous en parler avec mépris, & qui ne les réfutera que par des écrits compofés à la lueur d'une lampe trompeufe, ne fera point en état de foutenir les regards des Sçavans, & pourra courir les rifques de fe voir condamné à ramper dans la claffe des Philofophes obfcurs. Si l'Anonyme, au lieu de fe repofer avec tant de fécurité fur la fublimité de fon génie, eût daigné rechercher le témoignage de ses sens, & s'il se fût appliqué à faire, dans le particulier, quelques petites expériences, je suis convaincu qu'il n'auroit jamais songé à entreprendre une réfutation de cette nature, ou qu'il se seroit montré dans cette carriere, d'une façon bien différente.

Il ne falloit donc à cet Ecrivain que le témoignage de ses yeux, pour le convaincre qu'il a grand tort de vouloir douter de l'existence des animaux dans les infusions auxquelles on a fait subir l'action du feu, ou du moins dans la plûpart d'entr'elles ; la réalité de ce fait anéantit toutes ses suppositions.

Lorsque je dis que les infusions que l'on a fait bouillir, renferment des animaux, je ne prétends pas pour cela qu'il s'y en trouve immédiatement après qu'on les a retirées de dessus le feu, & dans le moment où on les présente au microscope, mais j'entends qu'on les laisse reposer pendant quelques jours, suivant la chaleur de la saison, afin de donner aux matieres le tems de fermenter, de se macérer, & de se dissoudre ; alors on ne manque pas d'y en trouver plus ou moins abondamment. En suivant ce procédé, notre Auteur eût découvert la fausseté du principe qu'il introduit, sçavoir que les

H ij

animaux ne naiſſent dans les infuſions bouillies qu'autant qu'ils ont pû réſiſter à l'action du feu, puiſque l'expérience nous a convaincu, comme j'en ai fait l'obſervation ailleurs, qu'ils meurent tous dans un fluide qui paſſe tant ſoit peu le degré d'une chaleur modérée.

Je ne veux rien oppoſer à l'opinion pour laquelle il paroît avoir du penchant, c'eſt-à-dire qu'il faut une chaleur d'une grande intenſité pour aider la naiſſance des animaux : pour moi, je ne donne point dans cette erreur. S'il nous dit qu'il faut une chaleur douce & modérée pour donner la vie au fétus, ou embrion qui eſt dans l'œuf de l'animal, c'eſt une choſe que perſonne n'ignore ; elle eſt aſſez connue des femmes mêmes qui font éclorre des vers à ſoie. Mais cela n'empêche pas qu'il ne ſoit bien décidé que rien n'eſt plus nuiſible à ces mêmes œufs qu'un certain degré d'une chaleur conſidérable ; nous en avons la preuve chaque jour dans les gros œufs, dont une légere ébullition coagule le fluide & le durcit. On voit même que l'action violente de la chaleur déchire les ligamens qui tiennent le jaune ſuſpendu au milieu des deux blancs ; détache de la membrane la partie qui renferme l'organiſation délicate de l'animal, la corrompt, la déforme & la

sur les Etres microscopiques. 117

jette pendant la cuisson jusqu'au centre de l'œuf.

Ce phénomene a été le sujet d'une dissertation fort sçavante de M. *Balbi*, Docteur en Médecine de Boulogne. M. *de Valisnieri* a observé que les insectes ont la prévoyance de placer leurs œufs, en été, de maniere qu'ils soient toûjours exposés au nord ou à l'orient ; qu'ils les attachent sur l'envers des feuilles, ou au milieu des feuilles mêmes, qu'ils replient soigneusement tout au tour, en forme de cornet ; & que, dans quelque endroit qu'ils les placent, ils ont toûjours l'attention de les dérober aux ardeurs du soleil, dans la crainte que ses rayons ne les échauffent, & ne donnent la mort à l'animal au travers de sa petite enveloppe ?

En effet, il nous suffit de jetter les yeux sur ce tissu fin & délicat qui compose la machine intérieure de l'animal, que l'on pourroit regarder comme un amas léger de filamens de la soie la plus déliée, & l'on s'appercevra aisément quels ravages doit y causer le mouvement irrégulier d'une chaleur intestine. Si nous avons vû que ce mouvement peut, en réchauffant le fluide, donner la mort aux animaux microscopiques lorsqu'ils sont déja forts & vigoureux, à plus forte raison pourra-t-il les faire périr dans leur enveloppe, puisqu'ils y sont encore

H iij

foibles & tendres, & que la chaleur lui prête bien des forces pour opérer ces effets.

Que l'on ne m'objecte pas ici que la pellicule qui fert d'enveloppe, quelque dureté qu'on lui fuppofe, pourra devenir un bouclier impénétrable qui mettra ces petits êtres à l'abri de l'action de la chaleur. Il me fera facile de démontrer la fauffeté de cette objection par un exemple tiré des femences des plantes qui fe corrompent, & perdent la faculté de produire lorfqu'elles ont éprouvé l'action du feu ; cependant leur fubftance eft d'une certaine dureté, & la nature les a munies, outre cela, d'une écorce très-propre à réfifter au choc des corps qu'elles rencontrent.

Quelque convaincu que je fuffe de cette vérité, je voulus, l'été dernier, en acquérir une nouvelle preuve par le témoignage de mes yeux. Je ramaffai différentes graines toutes couvertes d'une écorce fort dure, & je les jettai dans l'eau bouillante pendant l'efpace d'une demi-heure ; enfuite je les enfonçai légérement dans un vafe plein de terre : c'étoit une terre choifie & qui convenoit à leur qualité : j'eus foin avec cela de les arrofer légérement : cependant aucune de mes graines ne germa ; & en effet il n'étoit pas vraifemblable qu'elles puffent germer.

J'ai de même eu la curiofité de prendre les noyaux de quelques fruits que j'avois faits bouillir, comme ceux de pêches, de cérifes, d'amandes, de prunes, &c. j'ai vû que non-feulement l'écorce intérieure s'étoit imbibée d'eau, mais encore que cette pellicule légere qui enveloppe le germe, s'en étoit détachée, & que le germe même paroiffoit comme tumefié par l'eau bouillante qui l'avoit pénétré. Si telle eft l'action du feu que, dans l'efpace de quelques heures, elle enleve aux femences la faculté naturelle qu'elles ont de germer, quelle réfiftance pourront lui oppofer de petits œufs que l'on fuppoferoit fe trouver dans les infufions ?

Cette vérité fe voit, non-feulement par ce qui fe paffe dans les grands œufs, comme nous l'avons dit, mais encore par ceux des infectes ; tels font, par exemple, les lentes des puces, les petits œufs des groffes & des petites mouches, ceux des araignées & de cette multitude immenfe de papillons, qui, dans l'inftant où ils arrivent au degré d'une chaleur trop forte, fe contractent & fe durciffent ; j'en ai fait l'épreuve moi-même en en jettant une prodigieufe quantité dans de l'eau chaude.

Si cela arrive aux œufs des grands & des petits animaux, comment pourra-t-on en préferver ceux des animaux microfcopiques, d'autant plus que la chaleur qu'ils reçoivent par l'ébullition de l'eau, a plus d'intenfité & même dure plus long-tems ?

Je devrois peut-être rapporter ici une autre objection que citent ceux qui tiennent pour la défenfe des œufs dans les infufions ; mais elle m'a paru fi foible, que j'aurois pû la paffer fous filence fans donner aucun fujet de plainte aux Partifans de ce fyftême ; cependant pour ne leur laiffer aucun prétexte, je vais rapporter cette objection, & en même-tems y répondre.

On dit donc que la violence du feu n'a aucune action fur les œufs, ou du moins que cette action eft très-foible, & on s'appuie fur ce que l'extrême petiteffe de ces œufs ne donne aucune prife à cet agent deftructeur qui ne peut que fort difficilement les rencontrer & les anéantir.

Mais un raifonnement de cette forte eft abfolument contraire à toutes les notions que nous avons du feu. L'expérience nous démontre chaque jour qu'il n'y a dans l'univers entier, aucun corps, foit folide, foit fluide, que le feu n'inveftiffe de toutes parts, quelque denfité que puiffent avoir fes parties, & dans quelques vafes qu'on le renferme. Les autres fluides & les efprits les plus fubtils que l'on conferve dans des vases de verre ou de métal, n'ont pas autant d'activité. Le grand *Boheraave*, dont l'autorité est d'un si grand poids auprès des Philosophes modernes dans les matieres qui concernent le feu, a observé qu'un grain d'or fondu avec cent mille grains d'argent, s'incorpore de maniere qu'il en résulte un mêlange parfait, malgré l'inégalité des doses; & ce mêlange est si efficace, que si l'on prend un grain dans la masse entiere, l'or, qui se trouve dans ce grain, garde la proportion qu'il avoit auparavant avec l'argent; c'est-à-dire, qu'il est dans le tout, comme un est à cent mille.

On sera en droit, je crois, de prononcer d'après cette expérience, que l'action du feu attaque jusqu'aux élémens des métaux les plus durs; qu'elle enleve peu-à-peu l'adhérence naturelle de leurs parties, les détache les unes des autres, & les met en fusion. Si cet élément a une si grande facilité pour agir jusques sur la moindre partie de la matiere, comment est-ce que l'ébullition qui a prodigieusement exalté le fluide, n'aura livré aucuns assauts à tous les animalcules qu'il contenoit, & ne les aura pas pénétrés? En qualité de corps, ils ont leurs pores communs : on peut même croire, en voyant cette analogie que la nature a répandue par-tout avec complaisance, qu'ils en ont reçus, comme les gros œufs, une autre sorte de pores plus larges & plus ouverts, que l'on appelle communément *Voies belliniennes*, du nom de l'immortel *Bellini* qui en a fait la découverte : leur usage est de cribler l'air qui entre dans l'œuf, & qui va jusqu'à l'embrion. Est-il vraisemblable que le fluide ignée, qui est par sa nature très-pénétrant & très-subtile, ne puisse pas trouver le moyen de s'ouvrir un passage libre à travers les premiers pores, n'entre pas en plus grande abondance dans les autres, ne coagule pas à l'instant les humeurs qui se trouvent resserrées dans un point, & ne détruise pas les tendres organes de ces vermisseaux par la vivacité de son action ?

Voilà, à ce que je pense, une pleine réfutation du système de ceux qui veulent que les œufs aient la propriété de se conserver dans les infusions que l'on a fait passer par le feu ; mais croirons-nous pour cela que les Partisans du système des ovaires voudront bien nous accorder que du moins les animaux qui paroissent dans les infusions bouillies, ne doivent point leur existence à des œufs ? Je doute qu'ils en conviennent. La raison qu'ils opposent, est que si les infusions, qui ont senti le feu, ne renferment plus aucun germe, il est fort possible que se trouvant exposées à un air libre, cet air porte des œufs dans les vases, comme nous allons le voir dans le Chapitre suivant.

CHAPITRE X.

Examen des Expériences précédentes, faites avec de nouvelles précautions pour confirmer le système de M. de Needham.

Qu'il y ait dans la vaste région de l'air, que nous respirons, des particules terrestres, aqueuses, sulfureuses, métalliques, salines, &c. que ces particules y séjournent, qu'en s'égarant çà & là, elles s'accrochent aux corps auxquels par hasard s'attachent les œufs des insectes, c'est un fait sur lequel le célebre Chymiste, que j'ai nommé plus haut, ne veut pas que nous ayons aucun doute. Il fit bouillir pendant quelque tems un morceau de viande dans de l'esprit de vin rectifié; ensuite il l'enduisit d'huile de thérébentine, & le suspendit au bout d'un long fil dans un endroit écarté, où l'air ambiant étoit humide & chaud, & dans lequel on ne pouvoit pas soupçonner qu'il y eût aucune espece d'animaux. Que pensera-t-on qu'il dût arriver? Peu de tems après la viande se trouva remplie de petits animaux qui s'y étoient logés, & qui se nourrissoient de tout ce qu'il y avoit de plus succulent & de meilleur. Or, comment les œufs qui ont produit ces vermisseaux, auroient-ils pû s'introduire dans cette viande, s'ils n'y avoient pas été apportés par l'air dans lequel elle se trouvoit suspendue ?

Je ne parle point de certains vents qui, au printems, nous amenent des milliers d'insectes, qui dévorent les plantes & les bleds, & ruinent l'espoir du Laboureur ; je me contenterai de rapporter un autre exemple que le même *Boheraave* regarde comme une preuve de ce fait. Il tombe souvent dans l'Ethyopie de grandes pluies qui sont d'un froid si piquant, que ceux qui en sont atteints, ressentent sur le champ le frisson le plus violent. Les gouttes de cette pluie sont larges, & environ d'un pouce de diametre. Frappent-elles la peau à nud ? il se fait une corrosion dans les chairs. Tombent-elles sur les habits ? elles y engendrent des teignes & des vermisseaux.

Si ces preuves, & une infinité d'autres que M. *Boheraave* ne se charge point de rapporter, dans la crainte d'être trop prolixe, nous portent à croire que l'air renferme au-dedans de lui-même, les semences fécondes des animaux, il est évident que toutes les tentatives faites avec le feu, peuvent bien servir à prouver que les animaux microscopiques ne naissent point des œufs que l'on supposoit exister dans les infusions avant qu'on leur fît sentir le feu; mais cela n'empêche pas qu'ils n'aient pû être formés de ceux qui auront été portés dans les vases après l'ébullition. Ainsi pour écarter tout soupçon, il faudroit disposer les choses de manière, que les substances que l'on a fait bouillir, & que l'on a prises dans la classe des végétaux ou dans le regne animal, ne fussent jamais soumises à l'influence de l'air extérieur, pendant tout le tems qu'elles sont dans des vases pour y fermenter.

Si l'on veut mettre dans ces procédés la plus rigoureuse exactitude, & ôter, par-là, jusqu'à l'ombre même du doute, il sera bon de purger avec le feu la capacité intérieure des vases bouchés que l'on emploie. Cette opération détruira immanquablement les petits œufs que l'atmosphere aura pû y porter, au cas que par hasard il s'y en trouve quelques-uns. Que si après avoir purgé, par le moyen du feu, & les substances que l'on met dans les vases, & l'air contenu dans ces mêmes vases, on porte encore la précaution jusqu'à leur ôter toute communication avec l'air ambiant, & que malgré cela, à l'ouverture des phiolles, on y trouve encore des animaux vivans, cela deviendra une forte preuve contre le fystême des ovaires; j'ignore même ce que fes partifans pourront y répondre.

M. *de Needham*, que j'ai nommé fi fouvent avec tous les éloges qui lui font dûs, nous affure que cette expérience a toujours réuffi fort heureufement entre fes mains, & qu'elle a été la derniere preuve qui a mis le fceau à fon fyftême. Nous avons dit au commencement du huitieme Chapitre, qu'en mettant dans un vafe du jus de viande cuite, notre Phyficien en avoit vû fortir les animaux microfcopiques; & nous n'avons confidéré alors que la circonftance du feu, parce que nous étions en train de difcourir fur cet élément. Mais il eft bon d'obferver, outre cela, que pour ôter tout accès à l'air extérieur, & fermer exactement les paffages, M. *de Needham* avoit fcellé l'orifice de fes vafes, & y avoit fait pratiquer un bouchon de Liege, de maniere que l'on auroit pû les regarder comme fcellés hermétiquement. Pour ce qui regarde la portion d'air qu'ils renfermoient avant l'expérience, il en écarte de même tout foupçon, puifqu'après les avoir bien fermés, comme je viens de le dire, il les paſſa ſur des charbons ardens.

Comme c'eſt principalement ſur cette expérience qu'eſt appuyé tout l'édifice de ſon ſyſtême, j'ai cru devoir entrer dans tous ces détails, & en faire un examen ſcrupuleux. Mon but étant de ne rien omettre dans ces différens procédés, j'ai tenté toutes les expériences poſſibles, tantôt en privant d'air les animaux, tantôt en prenant des précautions pour faire macérer les graines dans le vuide, ou bien en ôtant à l'air des vaſes, toute communication avec l'air ambiant, & enfin, en les expoſant, ſoit en partie, ſoit en entier à l'action du feu.

Commençons par la première de mes expériences. Nous étions en été ; je mis les animaux dans le vuide de la machine pneumatique ; ils nageoient tous dans leur liqueur, comme les inſectes amphibies & les aquatiques ; ils y vécurent pendant deux jours ; mais au bout de ce tems, je les trouvai tous, ou morts, ou mourans. Les uns étoient abſolument ſans mouvement, & en partie défigurés ; les autres ſe remuoient encore, & n'avoient qu'un mouvement lent & pareſſeux.

Si le vuide de la machine pneumatique fut fatal aux animaux qui étoient déja nés, il ne le devint pas moins pour ceux qui étoient à naître. De toutes mes infusions froides, qui, dans un air libre, avoient produit abondamment des animaux, aucune ne m'en donna dans le vuide.

Les choses furent bien différentes, lorsque je me servis d'un bouchon contre l'air extérieur, pour lui fermer toute entrée dans mes vases. Déja une longue suite d'expériences m'avoit porté à croire que, soit que je me servisse d'un bouchon de cotton, de bois, ou de papier, soit que je laissasse les vases ouverts, cela étoit absolument indifférent, tant à la naissance, qu'à l'accroissement des animaux. Il est vrai que je n'étois pas encore bien certain d'en avoir entiérement banni l'air, parce que ce n'étoit point là mon premier but; je ne cherchois, en bouchant mes vases, qu'à prévenir l'évaporation de la liqueur qui se perd trop facilement lorsqu'on les tient ouverts. Mais pour m'en assurer, je les fermai exactement avec un bouchon de bois, adapté avec beaucoup de soin à l'orifice intérieur, & ce fut alors que les animaux manquerent dans plusieurs infusions, quoiqu'ils se montrassent à l'ordinaire dans les autres.

Cette irrégularité me donna des inquiétudes sur le succès de mes expériences ; je craignis que

que l'air des vases n'eût encore quelque commerce avec l'air ambiant, par le moyen des pores du bois, ou que le col n'étant pas fermé exactement, il ne trouvât une entrée secrette dans mon infusion. Pour me mettre à l'abri de tous ces inconvéniens, j'eus recours à l'expédient que je regarde comme le plus certain ; ce fut de sceller hermétiquement l'orifice des vases, & voici quel en fut le résultat. Lorsque mes vases étoient petits, & que je les brisois au bout d'un certain tems, je n'y découvrois aucune apparence de petits animaux, même en observant avec la plus grande attention, & en répétant fort souvent la même expérience. Mais lorsque je prenois des phioles d'une plus grande capacité, & plus propres par-là à contenir un grand volume d'air, comme sont, par exemple, les bouteilles dont on se sert pour les tables, j'eus toûjours une quantité d'animaux, malgré la précaution que j'avois prise de les fermer toutes hermétiquement. C'est ainsi que je suis parvenu à découvrir qu'il suffisoit pour cette expérience, d'avoir dans le vase un volume d'air plus raréfié que l'air extérieur.

Je choisis à cet effet un récipient fort large ; j'y fis infuser à froid différens légumes, & afin que l'air extérieur n'y pénétrât point à mon insçu, lorsque j'y aurois fait le vuide, j'en retirai autant qu'il m'en falloit pour faire baisser le mercure de neuf pouces ; j'avois précisément besoin de cette mesure, afin que le poids de l'atmosphere, incombant sur la partie convèxe du récipient, le tînt fixé & attaché au cuir mouillé que l'on étend sur la platine, de maniere que l'air ne pût point s'y insinuer par les bords. Lorsque je n'en retirois pas une assez grande quantité, & que le mercure ne gardoit pas la hauteur requise dans le tube adapté au récipient, l'air trouvoit moyen d'y rentrer en se pratiquant un passage insensible ; il ne falloit pour m'en instruire, que jetter l'œil sur l'élévation du mercure.

L'infusion que j'avois enfermée dans cet air raréfié, fourmilla d'animaux deux jours après ; j'étois bien certain cependant que rien n'avoit varié dans mon récipient ; je le voyois évidemment au mercure, qui avoit presque toujours conservé la même hauteur par les soins que je pris d'entretenir le cuir mouillé, sur lequel posoit le récipient.

Le succès de cette expérience démontroit pleinement que les infusions faites à froid n'ont point du tout besoin du secours de l'air extérieur pour la production des animaux. Malgré cela, il me restoit encore à constater tout ce que M. *de Needham* avance. J'avois à détruire le soupçon de la préexistence des œufs qui auroient pû s'attacher au dedans du vase, se trouver renfermés dans les semences mêmes, ou être disseminés dans l'air du récipient. J'eus donc grand soin de prendre toutes les précautions nécessaires pour n'avoir rien à craindre du côté des vases & des semences ; je commençai par faire bouillir différentes sortes de graines & de viandes, jusqu'à ce qu'elles fussent parfaitement cuites, & je les renfermai dans de grands & larges vases, tout en sortant de l'eau dans laquelle elles avoient bouilli. Depuis ce tems, je n'employai plus dans mes expériences que de grandes phioles, & je les passois auparavant sur le feu, dans la vue de faire périr les œufs qui, par hasard, s'y feroient attachés. Lorsqu'elles se refroidirent, & que par ce moyen elles pouvoient se remplir d'un nouvel air, je les scellai hermétiquement. Le quatrième jour, je brisai les cols de ces vases : dans quelques-uns, les animaux n'avoient pas encore paru ; mais il y en avoit dans quelques autres, quoiqu'en fort petit nombre.

Il ne me restoit plus qu'à détruire le troisième soupçon, établi sur la présence des œufs mêlés au volume de l'air intérieur du vase : voici comment je m'y pris pour y parvenir. Je scellai hermétiquement les orifices de dix-neuf vases remplis d'un aussi grand nombre d'infusions faites avec différentes graines; je les plongeai en partie dans l'eau d'un vase plus grand, & je les y fis bouillir l'espace d'une heure : par ce moyen, il me parut qu'il n'y avoit rien à desirer du côté de l'exactitude de l'expérience.

Avant que d'en rapporter le succès, je ne dois pas passer sous silence une chose qui, sans avoir un rapport direct à l'expérience dont il s'agit, pourra nous instruire pour prendre les précautions nécessaires dans des cas semblables. Elle consiste à se tenir un peu éloigné des vases que l'on a scellés hermétiquement, & même à ne point s'en approcher pendant tout le tems qu'on les expose à l'action du feu. L'air qu'ils renferment, dilate puissamment ses molécules élastiques, & fait voler le verre par éclats, comme cela m'est arrivé plus d'une fois.

Mais revenons à notre sujet. Je visitai mes infusions au jour marqué; elles ne me donnerent pas le moindre signe d'aucun mouvement spontanée ou d'animalité, pendant tout le tems que je les examinai avec le microscope. Il est bon d'observer que j'ai toûjours eu les mêmes résultats, non-seulement dans cette occasion, mais dans toutes les expériences que j'ai faites par la suite avec des précautions semblables. Mais si après l'ébullition, je pratiquois quelques légeres ouvertures par lesquelles l'air pût se glisser dans les vases, il arrivoit souvent que les animaux y rentroient en même-tems. Voilà ce qui m'a empêché d'adopter en entier l'opinion de M. *de Needham*.

Je veux bien croire avec lui que les animaux se sont montrés dans les vases qui renfermoient les sucs des viandes cuites; je n'ai aucun doute sur la réalité de ce fait ; mais je me sens fort porté à douter qu'il ait tenu son vase assez longtems sur les charbons, pour parvenir à échauffer sensiblement l'air qui y étoit renfermé ; je pense plutôt qu'il ne l'avoit point assez bien scellé, pour être en sûreté du côté de l'air du dehors ; & cela me paroît assez vraisemblable ; car il est fort facile de se tromper là-dessus, en adaptant le bouchon de liége dont M. *de Needham* s'est servi. Le liége est extrêmement poreux, & peut librement ouvrir un passage à l'air du dehors.

Ce seroit envain que l'on employeroit d'autres matieres plus denses & plus compactes, pour n'avoir absolument rien à craindre. Elles auront de même de petits pores, & des conduits imperceptibles qui pourront se trouver assez ouverts pour un fluide aussi subtil, & qui échapperont toûjours à nos sens.

Le seul moyen d'obvier à ces inconvéniens, est de sceller hermétiquement ses vases; & si notre Auteur eût ajouté cette précaution à toutes celles qu'il a prises, il se seroit assuré par lui-même que le phénomene des animaux dans les infusions bouillies, ne répondoit pas entiérement à ses vues, comme je viens de le démontrer.

Récapitulons maintenant tout ce qui a été dit, & concluons qu'en fermant hermétiquement les vases, on n'est pas toûjours sûr d'empêcher la naissance des animaux dans les infusions bouillies, ou faites à froid, pourvu que l'air intérieur n'ait point senti les ravages du feu. Si au contraire cet air a été fortement échauffé, jamais il ne permettra aux animaux de naître, à moins qu'un nouvel air ne pénetre du dehors dans les vases. C'est-à-dire qu'il est indispensable pour la production des animaux de leur donner un air qui n'ait point senti l'action du feu. Et comme il ne seroit point aisé de prouver qu'il n'y a pas eu de petits œufs disséminés & flottans dans le volume de l'air que contiennent les vases, il me semble que le soupçon de ces œufs subsiste toûjours, & que l'épreuve du feu n'a pas entiérement détruit les craintes de leur exiſtence dans les infuſions. Les Partiſans du ſyſtême des ovaires les auront toûjours, ces craintes, & ne ſouffriront pas aiſément que l'on entreprenne de les détruire.

Peut-être que l'on pourroit encore former une petite objection en faveur de M. *de Needham*, & dire que les animaux ne s'engendrent point alors dans les infuſions, parce que l'air qui, dans le ſyſtême de l'Auteur, devroit corrompre les parties de la matiere, l'atténuer & la diſpoſer à l'animation, perd cette propriété lorſqu'il reſſent l'action du feu ; que le feu eſt un agent compoſé de principes ſulfureux qui fixent ſes parties, & qui, en le rendant plus raréfié, le rendent auſſi moins propre à nous donner ſes productions ordinaires.

Je n'oſerois pas prononcer ſur cette grande raréfaction de l'air des vaſes ; je n'ai rien qui m'aſſure qu'elle ait été portée à ce point ; mais il ne ſeroit pas fort difficile de la connoître avec une certaine préciſion, par le moyen d'un barometre que l'on adapteroit aux vaſes ſcellés hermétiquement, lorſqu'on les préſente au feu. Comme on laiſſera à ce barometre une communication avec l'air intérieur, il n'eſt pas poſfible qu'une aussi grande altération ne le rende sensible.

Cependant en admettant pour un instant cette prétendue raréfaction, il resteroit encore à sçavoir pourquoi les animaux ne pourroient pas s'y produire, tandis qu'on les voit naître, comme je l'ai dit plus haut, dans un air à-peu-près aussi dilaté, puisque le mercure y a baissé de neuf pouces.

J'ai donc enfin mis sous les yeux du Public les principales découvertes de M. *de Needham*, autant que mes foibles talens ont pû me le permettre; & je ne l'ai fait que pour m'exercer sur cette matiere; je laisse à d'autres la liberté de porter là-dessus leur suffrage. Mais lorsque je me suis engagé dans cette carriere, je sçavois bien que je pouvois y marcher à la clarté du flambeau de l'expérience. Si je n'ai pû mettre dans cet ouvrage toute l'élégance du stile, on y trouvera du moins beaucoup de candeur & un grand amour de la vérité. Je ne me suis passionné pour aucun système, excepté pour ces loix admirables qui sont écrites dans le grand livre de la nature, & pour me mettre en état d'en saisir le langage, qui est souvent équivoque & obscur, j'ai pris les conseils de ceux de mes amis, qui ont été témoins de mes expériences; tels sont entr'autres, le R. P. *Troilo* de la Compagnie de Jesus, Bibliotécaire du Sérénissime Prince regnant, M. *Augustin Paradisi*, Poëte agréable, & Philosophe charmant ; & M. *Corti*, Docteur de Rhege, Professeur de cette Ville, mon ami particulier.

Dans toutes les observations que j'ai faites sur les animaux des infusions, mes instrumens ordinaires étoient ces microscopes que l'on appelle communément des *Lœuvenoech* ; ils sont garnis d'une seule lentille, & fort commodes pour rencontrer avec beaucoup de facilité & de justesse, les traits les plus fins & les plus déliés des corps que l'on examine.

Je n'ai cependant pas rejetté l'usage des microscopes composés ; je m'en suis servi quelquefois, principalement pour voir en entier & d'un seul coup d'œil de plus grands objets, comme des morceaux de racines entourés de leur chévelure verte, des gouttes d'eau devenues alors une vaste mer qui renfermoit des milliers d'animaux, les plus petites graines des plantes, & autres choses de cette nature. J'ai toûjours eu soin de m'adresser aux plus habiles ouvriers pour avoir ces instrumens : leur perfection est de la plus grande conséquence dans cette matiere.

Je ne prescrirai rien sur la maniere d'opérer,

j'ai suivi la méthode qui nous a été indiquée par les plus savans Microscopistes, c'est-à-dire de ne point poser horisontalement le corps du microscope, parce qu'alors la petite goutte de la liqueur descend & entraîne avec elle les animaux; ce qui fait que l'on ne peut observer qu'avec une confusion désagréable. J'ai donné à mon microscope une direction verticale & perpendiculaire à l'horison : l'œil est alors plus reposé & plus tranquille, & l'observateur beaucoup plus à son aise.

Pour la lumiere, j'ai mieux aimé la tirer d'une bougie, en la faisant réfléchir sur le porte objet par le moyen d'un miroir concave, que de la prendre du soleil même. C'est de M. *de Needham* que je tiens cette maniere d'opérer.

NOTES
DE M. DE NEEDHAM

Sur le premier Chapitre.

P_{AGE} 3. (1). L'Auteur de cette Differtation nous fait prendre à M. *de Buffon* & à moi, des précautions auxquelles nous n'avons jamais penfé. Cependant lorfqu'il s'agit de faire connoître la vérité, il eft toûjours bon de commencer par écarter les préjugés. Si la Puiffance impériale étoit plus avantageufe aux Romains après leurs guerres civiles, que l'Anarchie républicaine, où ils fe trouvoient réduits, Jules Céfar a eu raifon de préférer au nom odieux de Roi, celui d'Empereur. La multitude fe laiffe conduire par des mots, plutôt que par des chofes; & en cela, les Philofophes deviennent Peuple fort fouvent. Pour nous, nous n'avons eu d'autre préférence dans le choix des mots, que celle qui provient de leur force repréfentative, plus ou moins propre à peindre nos idées.

Si je n'étois pas parfaitement au fait du peu de valeur que l'on doit attacher aux éloges trop intéreffés des Philofophes modernes, dont la foibleffe en ce point égale pour le moins celle des Littérateurs pédantefques du feizieme fiécle, & dont le Public eft la dupe en tout tems, je devrois rougir des louanges exceffives dont je me trouve accablé par M. l'Abbé *Spalanzani*, dans tout le cours de cet Ouvrage; je le connois perfonnellement, & je le connois comme un Philofophe intègre, très-eftimable à tous égards. Je lui dois par conféquent des remercimens;

mais c'est en avouant avec franchise que le mauvais exemple de nos Philosophes l'entraîne bien au-delà du vrai, & que son style, en fait de louanges, sent trop le vice puérile du siécle.

Il paroît vouloir étayer le système des germes préexistans, & déprimer le nôtre sur la génération, malgré l'expérience & le raisonnement ; il invoque même l'autorité des Physiciens les plus célébres qui nous ont précédés. Cependant il est bien plus naturel & plus philosophique dans la recherche des causes immédiates, de monter aux causes générales qui lient les corps organisés avec le système total, & de les faire dériver de celles qui ont été établies par la Divinité, que de poser pour premier principe ce qui n'est qu'une pure défaite, peu digne d'un Physicien. Dire *que les corps organisés se montrent par développement, & qu'ils existent parce qu'ils ont toûjours existé depuis la création*, autant vaut la réponse d'un Cartésien à un Léibnitien, *que la matiere est étendue & composée, parce qu'elle est toûjours étendue & composée ;* ou celle d'un Athée à son adversaire, *que le monde existe, parce qu'il a toûjours existé*. Ces réponses ne sont assurément rien moins que scientifiques ; & si nos connoissances en Physique, à mesure qu'elles se généralisent, doivent se résoudre en pareilles défaites, rien n'est plus futile qu'une Philosophie qui ne méne à rien. Sçavoir s'arrêter à propos, quand nos facultés très-foibles ne peuvent pas nous porter plus loin sans reculer, c'est tout ce que la raison exige. *Est aliquid prodire tenùs, si non datur ultrà.*

Pour prévenir les calomnies & les préjugés ridicules de ceux qui, sous prétexte de venger les droits de la

Divinité, n'ont cherché qu'à détruire notre syftême fur la génération, il eft abfolument néceffaire d'en développer les principes & les conféquences; mais avant que de faire cette analyfe, je crois qu'il eft à propos de mettre fous les yeux du Lecteur, le fentiment du fçavant M. *Haller*, dont la célébrité eft fi bien méritée par les fervices qu'il a rendus à la Phyfique. Voici comment il s'exprime dans fa Préface à l'Edition Allemande de l'Hiftoire naturelle de M. *de Buffon*, où il examine & traite expreffément cette queftion. " Il fuffit de dire que M. *de Buffon*, & même
" M. *de Needham*, ne portent pas plus de préjudice à la
" religion, que n'en a porté *Newton*, qui, par le moyen
" de deux forces, a développé le fyftême admirable de
" l'univers, & les loix fecrettes de la révolution des
" corps céleftes. La doctrine de M. *de Buffon* eft encore
" en quelque fens moins dangereufe que celle de M. *de*
" *Needham*. La matiere organifée fe moule dans l'hom-
" me même, pour devenir un homme; mais après le
" tems où la terre aura été embrafée par le feu, & inon-
" dée par un océan univerfel, les hommes auront dû être
" produits fans moule, puifque l'eau & le feu ne leur
" auront point laiffé de pere, dont ils aient pû tirer
" leur origine. Leur ftructure, ce modele général du genre
" humain, eft donc, felon M. *de Buffon*, fortie immédia-
" tement des mains de Dieu, dans le tems que la terre
" s'eft defféchée. Son fyftême n'offre aucun autre plan pour
" commencer le genre humain. La nature ne fe donne pas
" elle-même la forme chez M. *de Buffon*; elle ne fait que
" copier des moules déja créés.
" Nous pouvons donc attendre fans inquiétude, fi les
" expériences des gens entendus combattront les forces

» végétales & animales de M. *Needham*. De nouvelles
» lumieres nous approcheront toûjours de la vérité, &
» de Dieu par le moyen de la vérité ».

A ce témoignage si fort & si authentique d'un adversaire célebre, j'ai fort peu de choses à ajouter pour effacer parfaitement tout préjugé réel ou prétendu, qui paroît dériver de la religion. M. *Haller*, qui voit sans doute que mon système n'est autre chose que celui de M. *de Buffon*, plus développé & généralisé, auroit dû adoucir la phrase de *doctrine plus ou moins dangereuse*, en y ajoutant ces mots, *relativement à l'ignorance, au libertinage & à la foiblesse des hommes qui veulent éteindre la raison & se plonger dans les absurdités du Spinosisme, ou aux préjugés qui dominent dans les écoles en faveur des systêmes établis, sur lesquels leur métaphysique se trouve entée pour le moment*. Il sçait très-bien par toute la teneur de mes observations microscopiques, que je ne donne aucune autre puissance à la matiere, que celle qui produit la pure vitalité dénuée de toute sensation, & qui dérive, comme son existence primitive, de la seule Divinité; que cette vitalité est un composé matériel de la force résistante & de la force expansive, dont les premiers principes ont été donnés à la matiere par le Créateur au moment de la création; que tout corps ou partie organisée, est une procession ou prolongation d'un corps organisé, soit végétal ou animal, qui doit nécessairement préexister, & dont la souche primitive sort immédiatement des mains de Dieu; que cette procession ou prolongation insensible, qui doit donner ce germe nouveau, dont la petitesse est indéfinie, pour se conformer à toutes les circonstances possibles, se fait moyennant une espece de réduction dirigée par *les forces plastiques*, & une concentration des parties spécifiques, qui tendent, en les atténuant vers un point déterminé ou un certain foyer commun, de même à-peu-près que l'œil est au monde visible, un centre où les rayons viennent s'arranger de toutes parts, sans confusion, dans le même ordre qu'ils reçoivent de l'harmonie préétablie de l'univers; que quant aux premiers principes de cette vitalité purement matérielle, il y a une matiere indubitablement démontrée par des expériences constantes, très-atténuée, très-exaltée, éthérée selon *Newton*, électrique selon les idées présentes, très-élastique par sa nature intime, toûjours prête à donner le branle à la matiere brute & résistante, & qui pénetre substantiellement la masse entiere; que par conséquent ses deux especes de matiere mêlées dans toutes les proportions possibles, peuvent fournir les tempéramens nécessaires pour tout degré de vitalité quelconque, & pour tous les grands phénomenes ou changemens physiques de l'univers, en partant d'un seul principe; que cette vitalité n'étant autre chose qu'un esprit très-subtil & très-actif, agissant dans une matiere brute, ténace & ductile, pour former, selon les forces spécifiques de chaque corps vital, un nouveau systême organisé, est très-différente, selon mes idées, du principe sensitif, qui ne peut être composé, & encore plus distinguée du principe intellectuel & spirituel, l'ame de l'homme; que M. *Haller* lui-même a découvert dans les corps organisés un principe actif d'irritabilité, qui differe totalement du principe de sensation, puisqu'il a trouvé des parties organiques, irritables, sans sentiment, d'autres sensitives sans irritabilité, & d'autres enfin itritables en même-tems & sensitives ; que cette irritabilité n'est pas un principe étranger, passager & accidentel, mais un vrai principe interne & essentiel aux corps organisés ; ce qui se constate suffisamment par les phénomènes du systole & du diastole, qui ont été observés dans les cœurs détachés des vipéres, des hérissons & d'autres animaux, par M. *Haller*, par M. *Temple*, & par d'autres Physiciens qui ont vû leurs mouvemens continuer pendant plusieurs heures après leur exsection complette, sans aucune irritation extérieure ; que le même principe pervade tout le systême organique, comme l'électricité, qui se décèle par-tout dans le monde physique, & qui vient d'être observé sensiblement depuis peu dans les parties les plus exaltées des fleurs à Florence, & depuis long-tems dans la *Tremella*, plante aquatique, par le célebre M. *Adanson*, dont je donnerai ci-après un petit détail qui m'a été communiqué par lui-même ; qu'enfin cette hypothèse d'une vie vitale, distinguée de la vie sensitive, & subordonnée à elle, est plus conforme, non-seulement à la raison, à l'expérience & à la vraie métaphysique, mais encore aux idées physiques & morales de tous les Philosophes, & aux dogmes de la religion révelée, en même-tems qu'elle ne déroge en rien aux droits de la Divinité.

Voilà ce que je crois être démontré clairement par mes observations microscopiques ; par les phénomenes qu'on découvre dans la décomposition des substances animales & végétales ; par la divisibilité productrice & réparatrice des Polypes ou autres Zoophytes de la même classe en grand nombre ; par la formation de tant d'êtres vitaux dans mes infusions, dont une grande partie ne peut pas venir

de

de dehors, comme le prouvent nos expériences avec des vaisseaux hermétiquement scellés ; la production succesive des parties des poulets dans les œufs couvés, observée & détaillée avec une industrie admirable, par M. *Haller* ; l'irritabilité vitale, découverte par le même Physicien dans les animaux, & par un Naturaliste de Florence dans les plantes ; tant de phénomenes absolument opposés à l'hypothese des germes préexistans, ne s'expliqueront jamais bien que par le systême de *l'épigenese*, comme nous l'avons exposé d'après l'expérience.

Ce systême est le même que celui qui a été soutenu dans tous les tems, mais sans preuves sensibles, jusqu'au siecle de *Descartes*, où l'on imagina, pour trancher le nœud gordien, l'hypothese des germes préexistans. La vie végétative a toujours eté distinguée de la vie sensitive, par ceque les anciens appelloient *ame végétative*, subordonnée à la sensitive, sans que personne s'en soit jamais formalisé, ou se soit récrié que l'on donnoit trop à la matiere, ou trop peu à la différence qui doit se trouver entre elle, & l'ame spirituelle de l'homme.

Cette opinion s'accorde aussi parfaitement avec l'Histoire sacrée, conséquemment à l'arrangement des élémens dans une échelle exactement graduée, telle que nous la trouvons actuellement dans la nature, qui fait sortir successivement des eaux les poissons & les oiseaux, tire de la terre les animaux terrestres & le corps humain, (changement vraiment physique de la matiere brute, qui s'exalte en matiere vitale & organisée,) & cela avant que de faire descendre d'en haut son ame immortelle. Les nouveaux germes & leur développement viennent

K

ensuite de ces mêmes corps primitifs par la nutrition & la prolongation des parties, de maniere que le corps de la premiere femme ne se forma pas de la terre comme celui de son mari, mais procéda de lui pendant son sommeil par une végétation accélérée & nourrie de sa substance ; il s'en détacha dans un état de perfection, comme font les jeunes Polypes & les autres corps organisés du même genre. La vraie Physique doit servir de correctif à toutes contradictions apparentes de l'Histoire sacrée ; la nature nous étonne par ses mysteres, comme la religion révélée, & ne s'accorde pas toujours avec nos idées & nos habitudes, mais ce sont de part & d'autre des faits incontestables, qui déposent toujours en faveur de la vérité. Bacon a dit fort sagement : *Breves haustus in Philosophiâ ad Atheismum ducunt, largiores ad Deum, & ad religionem reducunt.*

Que l'on examine bien ce système, on lui trouvera de la conformité avec la bonne métaphysique ; j'entends celle de *Leibnitz*, qui traite l'essence primitive de la matiere, & la nature de ses principes. Selon ce Philosophe, ces principes simples & inétendus, comme causes, sont actifs par essence, & produisent par leur action & réaction combinées, les phénomenes de l'étendue solide, du mouvement, de la figure & de la divisibilité ; phénomenes que nous n'appercevons que dans nous-mêmes par les effets qu'ils produisent intérieurement, & qui ne sont que relatifs à notre système organisé & à la nature de nos connoissances. C'est où *Platon* & tous les vrais Philosophes ont été nécessairement amenés dans leurs méditations raisonnées sur la nature ; & c'est le terme où un Philosophe quelconque doit arriver de même, lorsqu'il porte

sur les Etres microscopiques.

les spéculations aussi loin que les phénomenes nous conduisent.

Tous les Physiciens après *Lock*, s'accordent sur l'existence purement idéale des qualités qu'on appelle secondaires dans la matiere, telles que la chaleur, la couleur, &c. Mais celui qui n'a pas la force d'aller plus loin, conduit précisément par le même raisonnement, n'est qu'un Philosophe à demi.

Je sçais que l'on ne manque pas d'attaquer par le ridicule toutes les vérités auxquelles on ne peut pas atteindre; on a voulu plaisanter aux dépens de *Newton* & de *Leibnitz*; on s'est adressé à la religion même;
» mais la plaisanterie * n'est jamais bonne dans le genre
» sérieux, parce qu'elle ne porte jamais que sur un des
» côtés des objets, qui n'est pas celui que l'on consi-
» dere; elle roule presque toûjours sur des rapports faux
» & sur des équivoques; de là vient que les plaisans de
» profession ont presque tous l'esprit faux, autant que
» superficiel ».

Ceux qui peut-être ne connoissent pas encore assez la Philosophie de *Leibnitz* peuvent jetter les yeux sur les *Institutions Leibnitiennes, ou Précis de la Monadologie.* C'est l'ouvrage d'un Philosophe célebre & profond, M. l'Abbé *Sigorne*. Je pense qu'il est impossible à celui qui aura la force d'esprit nécessaire pour saisir cette Métaphysique sublime, de refuser de s'y rendre : c'est la solution de toutes les difficultés épineuses du fameux *Berkelay*, contre l'existence de la matiere & de toutes les contradictions apparentes qui naissent de la divisibilité; enfin

---
* Mél. de Litt. & de Phil. par M. de Voltaire, ch. 53.

ce livre est de la plus grande utilité pour combattre le Scepticisme. Je conseillerai en même-tems à celui qui ne l'entendra pas, de s'en tenir en tout à la foi du Charbonnier, & de ne jamais pousser ses recherches en Philosophie, en Morale ou en Religion, au-delà de ce qui est palpable & sensible.

Je crois enfin pouvoir dire que le système de l'*épigenese*, s'accorde plus avec la religion, que tout autre, sans déroger en rien à la puissance absolue & aux droits de la Divinité. Il suppose une vie subordonnée au principe sensitif & intellectuel, qui sans être ni l'un ni l'autre, est un vrai principe de mouvement & d'action; divisible, parce qu'il est composé, réparateur par un accroissement vital & productif, susceptible enfin par son action vitale & son organisation, de toutes les perceptions objectives, qui nous appartiennent comme animaux, en tant qu'objectives, & en tant que matériellement représentatives des causes extérieures.

Voilà tout ce qu'exige cette classe inférieure des êtres pour leur conservation, & cette cause materielle agissant sur toute la machine organique suffit à l'économie loco-motive, dont ils ont besoin pour se nourrir & propager, sans aucun principe sensitif intermédiaire, ou pour les attirer, & les déterminer à tout ce qui leur convient. Par-là ils se trouvent liés parfaitement d'un côté avec les plantes, & de l'autre avec les animaux, pour former l'échelle que nous observons à leur égard dans la nature; c'est ce même principe de deux forces antagonistes combinées, qui végete dans les plantes & les zoophytes, qui façonne les corps organiques, qui excite & donne matiere au sentiment dans les êtres sensitifs, & au raisonnement dans les êtres intellectuels incarnés, & qui tient par une résistance & une expansion universellement répandue, au grand système de l'univers. C'est ainsi qu'il devient la vie matérielle de la nature prise dans sa totalité, & en le regardant comme un effet qui part immédiatement de la Divinité, il répond parfaitement à la vertu toute-puissante qui le renouvelle à chaque instant comme un effet digne de sa cause, *attingens à fine ad finem fortiter, & disponens omnia suaviter.*

On peut aisément, avec ce système, répondre à une objection formée contre la nature de l'ame, & tirée de la divisibilité vitale de tous les êtres; cette objection paroît d'autant plus spécieuse, que toutes les autres hypothèses donnent prise au Matérialisme, en identifiant le vital & le sensitif, d'où l'on part pour confondre de même le sensitif & l'intellectuel, en les plongeant tous deux dans l'abîme de la matiere.

Je crois donc que les droits de la Divinité sont ici parfaitement à couvert: car en donnant à la matiere un principe de mouvement intérieur, & des forces vitales comme les phénomenes l'exigent, & en détaillant les opérations de la nature, qui n'agit qu'en vertu de la puissance qu'elle a reçue de la Divinité, personne n'ignore que la matiere & l'être le plus spirituel ne possèderont ni force ni existence, que sous la dépendance du Créateur, & ne l'exerceront que selon les loix qu'il a librement établies; c'est dans lui que nous existons; c'est dans lui que nous avons & le mouvement & la vie: *in quo vivimus, movemur & sumus.*

NOTES

Sur le second Chapitre.

P_{AGE} 13. (1). En général toute substance quelconque, animale ou végétale, se décompose, selon moi, en êtres que j'appelle *vitaux*, pour les distinguer des animaux parfaits à qui la Divinité a ajouté par surcroît les puissances purement sensitives, ou sensitives-intellectuelles ; ces puissances, qui demandent par leur nature l'unité & la simplicité la plus parfaite, sont totalement distinguées de la matiere la plus exaltée quelconque : toute matiere, pour être matiere, renferme nécessairement dans son idée celle d'une composition solidement étendue & divisible, ou pour m'expliquer plus philosophiquement d'une composition productive de ses perceptions objectives par son action coordonnée.

L'Auteur observe que les êtres microscopiques se nourrissent en s'approchant de leurs alimens, & en s'y attachant en foule ; qu'ils s'élancent même avec avidité sur leur proie, & qu'ils ne se heurtent jamais, quoiqu'ils se tournent subitement en revenant sur leurs pas avec vîtesse, parmi une multitude innombrable, dans un très-petit espace. De ces observations, qui sont vraies à la lettre, il conclut qu'ils sont animés d'une vie sensitive aussi parfaite dans son genre, que celle des animaux le moins équivoques ; mais de ce que des êtres vitaux & organisés se nourrissent en suçant extérieurement les alimens sans racine & sans bouche proprement dite, comme les feuilles des plantes observées par le célebre M. Bonnet, de même que les algues, les fucus, les mousses de mer, les plantes marines, les huîtres & autres zoophites ; de ce qu'ils paroissent chercher par des mouvemens continuels ce qui leur convient, & se porter par préférence vers cette même nourriture, comme les racines des végétaux s'inclinent & se détournent vers les endroits où les sucs & l'humidité convenable abondent ; de ce qu'ils font des efforts pour s'élancer sur les alimens en se tournant subitement sans se heurter dans la foule, comme les parties salines se précipitent rapidement & librement dans la crystallisation vers la masse, & s'arrangent avec promptitude sans la moindre confusion ; enfin de ce qu'ils se détachent quand ils sont pleins, & comme rassasiés, en recommençant leurs mouvemens sans jamais rester en repos, il ne s'ensuit pas pour cela que ces animaux agissent par un goût sensitif, ni qu'ils soient conduits dans leur petite économie si peu variée, par un principe de véritable animalité. Toutes ces actions unies dans un même sujet, ou séparées dans plusieurs, peuvent être des effets vraiment méchaniques d'une organisation très-délicate, affectée & déterminée par des impulsions extérieures, dont la raison suffisante, & la cause finale sont dans la sagesse divine, qui les a combinés ainsi pour perfectionner dans toutes ses parties la grande chaîne de l'existence. La vitalité qui pervade tout le regne végétal en l'exaltant sans discontinuation, se termine par ce moyen d'une maniere insensible, aux êtres où la sensation la plus sourde commence ; & la sensation la plus exquise, avec toutes ses connoissances particulieres & purement sensitives, quoique singe de la raison jusqu'à un certain point, finit où l'entendement s'éleve & répand ses premiers rayons. Le caractere le plus positif, & la barriere la plus inébranlable entre le vital le plus exalté & l'être purement sensitif, se trouveront dans la divisibilité, dont le premier, en se multipliant, est susceptible sans détruire l'individu. Que l'on spiritualise tant que l'on voudra les connoissances les plus rafinées des bêtes, ce qui séparera éternellement l'être purement sensitif de l'être intellectuel, sera la morale & le pouvoir de généraliser ses idées, dont le dernier seul est capable. Pour comprendre comment un être simplement vital peut paroître sensitif, & jouer le rôle d'un animal dans son économie, & même jusqu'à un certain point, dans ses connoissances ; je conçois facilement que la Divinité l'aura doué des sens comme ceux que nous avons d'une perfection plus exquise à tous égards, pour opérer immédiatement sur une organisation plus délicate, quoique moins compliquée que la nôtre, sans l'intervention d'aucun principe sensitif. C'est un problême qu'il est assez aisé de résoudre en observant leur économie, qui est beaucoup plus bornée que celle des vrais animaux ; & si nous réfléchissons, nous en trouverons la solution purement méchanique au-dedans de nous-mêmes. Les passions, par exemple, que nous éprouvons très-souvent, & dont nous ne sommes pas toujours les maîtres, previennent non-seulement la réflexion, mais portées à leur comble, s'emparent de l'ame, enchaînent l'entendement, éteignent la raison, & diminuent tellement la sensation même, qu'elles la réduisent presqu'à zéro. Or les passions sont des effets immédiats du choc physique des objets extérieurs sur nos organes, ou même d'une idée représentative interne, fortement exprimée, qui se réveille en allumant le sang, & en irritant le système vital dans certaines circonftances; & comme elles font excitées méchaniquement, elles agiffent de même méchaniquement malgré l'ame, pour porter néceffairement le corps à des actions déterminées, dont la caufe finale n'eft pas en nous, mais dans la fage économie de l'univers en général.

Suivons un peu cet objet. Perfonne n'ignore le pouvoir de l'habitude; or les habitudes tiennent fortement à la méchanique, & ne different en rien de l'organifation phyfique & vitale, de maniere que l'ame ne fe démontre jamais fi bien & fi évidemment fous la forme d'un principe parfaitement diftingué de fon corps, que par les efforts inutils qu'elle fait très-fouvent pour vaincre ces mêmes habitudes: *Nitimur in vetitum; video meliora, proboque; deteriora fequor.* Cela eft fi fenfiblement vrai, que l'ame du méchant, à mefure qu'elle cede de plus en plus aux appétits déréglés de fon corps, perd continuellement de fa vigueur, s'affoiblit fenfiblement en fe laiffant vaincre par les forces méchaniques, décheoit peu-à-peu de fon empire légitime, s'identifie à la fin en quelque façon avec fa chair, n'a pas d'autre volonté que la fienne, devient fon efclave en tout ce qu'elle entreprend, & déterminée par cequ'elle fent intérieurement, finit en adoptant le matérialifme par fyftême. Le paffé pour elle devient un tourment, le préfent n'eft qu'une vapeur, & l'avenir un goufre. L'ame du jufte au contraire, à force de combattre contre fon corps, fent de plus en plus fa force méchanique qui s'y oppofe, développe la diférence fenfible de deux principes contraires, dont l'oppofition ne ceffera que par la mort, & finit par defirer avec ardeur l'exiftence pure & fpirituelle qu'elle attend avec impatience dans la vie future. *Invenio legem in mem-*

bris meis, contrariam legi Spiritûs ; & quis me liberabit de corpore mortis hujus ?

Voilà la Philosophie chrétienne qui s'élance vers l'immortalité, bien différente sans doute de celle des Sophistes modernes. J'ai pour moi le sentiment de tous les siecles; or s'il est vrai que nous trouvons en nous-mêmes deux principes d'action absolument contraires, dont l'un n'est pas l'autre ; s'il est évident par l'expérience que l'un sensitif, ou l'autre purement méchanique, suffit seul dans différentes circonstances pour déterminer l'être organisé; si nous agissons enfin conséquemment aux impressions extérieures, productives des mouvemens intérieurs, ou des images représentatives qui se font souvent malgré nous, sur-tout par rapport à la pure économie des corps, pourquoi veut-on l'union nécessaire de deux principes, l'un sensitif, l'autre vital dans des êtres dont toutes les fonctions sont si bornées, comme nous le voyons par ceux dont il s'agit dans ce Traité ?

Que l'on considere encore la force méchanique des habitudes physiques dans les Somnambules qui cherchent ce qui leur convient pour le moment, qui marchent avec une entiere sûreté sans se heurter, au milieu des ténebres, qui mangent, qui boivent & qui font mille actions avec une économie parfaite, infiniment plus compliquée que celle des êtres microscopiques, & que l'on explique comment tout cela peut se faire sans réflexion, & même sans sentiment, sinon par l'opération immédiate des idées objectives, des images purement corporelles, des traces matérielles sur le système vital, nerveux & musculaire: c'est ce qui constitue indubitablement la force de cette puissance, qui nous entraîne malgré notre sentiment &

nos raisonnemens, & que nous exprimons par le mot *habitude.*

Le sentiment & la raison sont ici pour si peu de chose, que les Somnambules font très-souvent des choses, & franchissent impunément, avec une dextérité admirable, des dangers qu'ils ne pourroient jamais franchir après leur reveil.

Passons maintenant en revue les êtres purement vitaux, d'une classe supérieure à ceux dont nous examinons la nature ; je veux dire les polypes, les polypiers de toute espece, comme coreaux, madrepores, astroites, &c. les vers de terre, les étoiles de mer, &c., & nous verrons que le seul mouvement progressif, quoiqu'il n'aille jamais au hasard, & qu'il soit déterminé dans tous ses points, n'est pas une preuve démonstrative, & sans aucune équivoque, d'un vrai principe sensitif.

Ces êtres se partagent & se multiplient par division. On a cherché, il est vrai, à diminuer la singularité de ce phénomene, en imaginant une hypothese ingénieuse * pour expliquer cette maniere de se multiplier, si bizarre & si contraire à nos idées ordinaires, & elle auroit peut-être trouvé des partisans dans la République des Lettres, si le phénomene qu'elle entreprend d'expliquer, étoit unique & propre à cette seule espece, je veux dire le polype d'eau douce ; mais c'est une propriété qui s'étend si loin & à tant d'especes d'êtres, en renfermant quelques autres qualités purement végétales ; elle les lie si bien au genre des végétaux par un seul principe commun de vitalité, qu'il faut nécessairement chercher son origine dans

---

* M. de Romé de Lisle, Auteur de la Lettre sur les Polypes d'eau douce.

d'autres vérités moins connues. Nos idées fur les caufes physiques de la génération s'aggrandiffent avec les phénomenes, malgré les préjugés qui nous bornent; une hypothefe ifolée, applicable à une feule efpece, ne fuffit pas pour expliquer une propriété fi générale, qui touche par fa nature à la fource immédiate des corps organifés.

Je dis donc premiérement que felon les idées de la faine métaphyfique, le vital, qui eft matériel & compofé, fe divife naturellement, & fe fépare par la force végétative, mais que le fenfitif, qui eft effentiellement fimple, ne fçauroit fe partager; & voici comment je le prouve. Toutes les actions fi différentes de nos fens, fur lefquels le même objet peut agir, fe réuniffent pour frapper enfemble le même principe fenfitif; or fi ce principe étoit matériel & compofé, la perception d'une feule de ces impreffions, ou ce qui eft encore plus fort, de toutes ces impreffions enfemble, devroit pour produire l'unité qui la conftitue effentiellement, *être toute en tout, & toute en chaque partie;* c'eft-à-dire, pour développer l'idée, *une en même-tems, & multiple à l'infini;* car l'être matériel, felon le fentiment commun, qu'on prétend même porter jufqu'à la démonftration, eft non-feulement compofé des infiniment petits, en quelque fens, par une gradation non interrompue, mais d'une infinité d'infiniment petits; *credat Judæus appella.* C'eft ici un abîme où la vérité fe perd & s'anéantit; c'eft non-feulement un myftere, mais une contradiction ouverte qui choque le fens commun.

Je dis en fecond lieu que toutes les productions marines, qui ont été prifes fi long-tems pour des plantes par les plus habiles Naturalistes, & que les découvertes de MM. *Peysonel*, *Tremblay*, de *Réaumur*, de *Jussieu*, *Ellis* & *Donati* semblent renvoyer au regne animal, ne sont proprement & exclusivement ni d'un regne ni de l'autre ; car si les qualités qu'on emploie comme caractéristiques, doivent décider la question, elle ne le sera pas encore à cette fois, puisque ces productions appartiennent par leur nature physique, autant au regne végétal, qu'au regne animal. Si l'on veut se représenter toutes les qualités de ces êtres équivoques, on peut nommer certains de ces polypiers, des *fucus animés* ; mais la classe totale ne se peindra jamais si bien que par le seul mot de *zoophytes*.

Au lieu de donner une réponse positive, les Physiciens montrent sous un faux jour la partie végétale, comme l'ouvrage & la demeure de certains animaux encore peu connus, auxquels on donne le nom générique de *Polypes*. Par ce détour, qui n'est au fond qu'une supercherie, la nature de la partie végétale nous échappe & se perd sous l'idée d'un corp étranger assemblé en dehors, attiré, distribué & arrangé par les prétendus animaux, pour y demeurer disposé à-peu-près comme les ruches le sont par les mouches à miel. C'est visiblement commencer par se tromper soi-même, & finir par tromper le Lecteur.

En effet, que l'on examine la chose avec l'exactitude qu'elle demande ; que l'on fasse une analyse scrupuleuse, je réponds avec certitude que l'on reviendra de cette erreur, & je suis en état de le prouver par les seules observations de MM. *Ellis* & *Donati*, comparées avec ce que j'ai remarqué moi-même parfaitement analogue dans la production des êtres microscopiques d'eau douce.

Le résultat immédiat, si l'on est de bonne foi, sera d'avouer que ce que l'on appelle communément la demeure des insectes, n'est pas plus leur ouvrage que la coquille, dont les parties qui transpirent de leur corps, se moulent, s'unissent & s'arrangent par une distribution organique, est celui du poisson qu'elle contient, ou l'écorce la production de l'arbre qu'elle enveloppe. Enfin, si par le moyen d'une analyse exacte, ce que j'appelle avec raison la partie végétale, qui s'attache organiquement à la partie supposée animale, est renvoyé dans la classe des fucus, des algues, des mousses & des autres plantes marines, comme étant précisément de la même nature & de la même structure physique en général, quelle raison pourra-t-on avoir sous la fausse idée d'ouvrage d'animaux, de nier les qualités vraiment végétales de ces productions, & de les placer exclusivement à la classe des plantes, dans le regne animal ?

Je dis en troisieme lieu, que chaque production de cette espece est très-improprement nommée *Polypier*, comme si elle contenoit plusieurs êtres, ou Polypes distincts sans aucune liaison organique entr'eux. C'est une seconde erreur qui se trouve comme entée sur la premiere, & qui nous détourne de plus en plus du vrai chemin. Il s'ensuit de cette fausse description que ce qui devroit être regardé comme un seul corps organisé à plusieurs têtes en forme de fleurs animées, est représenté comme une république d'une multitude d'animaux qu'on appelle Polypes, dont chacun est un individu à part, & logé séparément dans sa petite cellule. Par ce moyen il se fait premiérement une séparation physique entre les prétendus animaux, & l'enveloppe qui les contient,

& secondement entre les diverses têtes, qu'on imagine comme des individus divisés entre eux, en discontinuant l'organisation commune à toute la production; ce qui est directement contraire aux observations de MM. *Ellis* & *Donati*. La preuve de tout cela est simple & claire : outre la tige commune qui s'étend depuis chacun des prétendus Polypes, tout le long du tronc jusqu'à la base même, & qui se voit clairement dans certaines especes minces & transparentes, M. *Ellis* a remarqué assez souvent que toutes ces différentes têtes qu'on nomme Polypes, se contractoient toutes à l'attouchement d'une seule, ou au mouvement général de l'eau qui les contenoit, & se retiroient chacune dans leur cellule au même instant que la tige commune, contenue dans l'intérieur du tronc, se rétrécissoit visiblement en se retirant pareillement, ou en s'étendant de même quand les têtes en sortoient de nouveau; or rien n'est plus évident que l'organisation constante & non interrompue d'une production, dont l'action complette est simultanée dans toutes les parties des extrémités les plus éloignées jusqu'à la plus grande profondeur de la base qui la contient. Cela se prouve encore par des Polypiers de la même espece, mais infiniment plus petits, en forme d'arbrisseaux, vûs par M. *Tremblay*, & d'autres : le Lecteur peut s'en convaincre par la simple inspection de la septième Planche.

En effet, comme le même Naturaliste l'observe très-bien sur les Polypes ordinaires de l'eau douce, quoiqu'un individu de cette espece pousse hors de son corps de jeunes Polypes qui doivent se séparer avec le tems, néanmoins jusqu'à leur séparation, ils ne sont que des parties du même corps organisé, & le même animal se subdivise en plusieurs ramifications, qui sont autant de générations différentes unies en même-tems à la même souche. Voyez un jeune Polype qui se saisit de quelque nourriture, elle ne sert pas uniquement pour lui, mais pour toute la famille ; ce qu'il mange, passant dans le corps de tous les autres, aussi bien que dans celui de la mere souche, contribue à nourrir le corps entier avec toutes ses branches. C'est précisément ainsi qu'il faut se représenter les productions de mer de la même classe, observées par M. *Ellis*, pour en avoir une idée juste.

On peut conclure de tout ce que je viens de dire, non seulement qu'il y a une matiere vitale organifique, comme cela paroît visiblement dans les corps spermatiques, mais que cette vitalité, comme principe d'animation au-dessous de la vie sensitive, s'étend bien loin dans le monde microscopique, & dans celui des insectes, en y comprenant sur-tout cette partie qui se multiplie par division. Cette chaîne de raisonnement est plus qu'analogue ; elle s'appuie sur une induction qui me paroît démontrée physiquement autant que la nature de la chose peut le comporter ; mais elle deviendra plus claire à mesure que j'avancerai dans mes remarques, & portera sur des faits physiques en assez grand nombre, conformes à la nouvelle métaphysique que nous avons établie, & qu'il est impossible d'expliquer dans tout autre système.

Page 14. (1). Leurs différens mouvemens de place en place se font en serpentant comme les anguilles, ou à l'aide d'une espece de rames qu'ils tirent d'une coquille bivalve, si transparente qu'elle n'est gueres visible, & très-peu ouverte ; ou par un bec crochu, tel que l'Auteur le décrit, & qui est mobile à droite & à gauche, ou par un grand nombre de filamens difposés circulairement autour de leur têtes, qu'ils font jouer à la maniere d'une roue, pour nager en avant, & produire un tourbillon dans l'eau, quand ils s'attachent quelque part avec leurs queues pour fe repofer. Ils font auffi munis d'une nageoire, d'un tiffu continu qui entoure leur corps, & ils ont, avec cela, l'art de fe comprimer & de s'allonger par un mouvement alternatif, femblable à-peu-près au jeu des poulmons & du cœur dans les animaux parfaits.

Page 15. (3). Ce font probablement ces globules ou véficules tranfparentes, qui, en fe dilatant & fe contractant fucceffivement, font avancer le corps de ces êtres par un mouvement progreffif, ou les aident à monter & defcendre felon l'occafion, en changeant leur volume. Il y a encore dans ces globules de vrais germes qui fervent à multiplier l'efpece. Les Polypes fe multiplient, comme bien d'autres de cette claffe, autant par la végétation, que par des germes pouffés en déhors, & dépofés comme des œufs.

Page 17. (4). Il s'agit ici d'un mouvement, qui ne s'obferve dans aucune autre efpece animée, & qui paroît plutôt forcé, néceffaire & méchanique, que fpontanée comme celui qui fe fait au gré d'un animal vraiment fenfitif.

Page 18. (5). Ce mouvement fi remarquable dans ces êtres vitaux, & qu'on ne voit point dans ceux des claffes fupérieures, paroît, comme le précédent, ne pas fe faire au choix de l'animal; au refte, ni M. *de Buffon*, ni moi, n'avons jamais dit que tous les êtres microfcopiques dans les infufions, fans exception, n'étoient que de purs êtres vitaux & organiques, privés de toute fenfation & de fpontanéité. Il y a fans doute parmi eux des animaux parfaits, qui se propagent à la façon ordinaire, & viennent du déhors par des germes déposés, & il y en a bien d'autres qui ne sont que les parties organiques & vitales des autres corps organisés, qui se décomposent & se composent de nouveau avec harmonie, par des loix préétablies.

Page 20. (6). Toute liqueur saline ou acide, produit le même phénomene, & les fait périr à l'instant : **la salive seule suffit pour cet effet.**

C'est une chose assez remarquable que cette action immédiate des sels & des acides sur les insectes quelconques, qui n'ont rien pour protéger leurs corps & pour empêcher qu'ils ne les pénétrent. Toute espece de coquillage, (c'est une expérience que j'ai faite autrefois à Naples) sur laquelle on jette du sel en certaine quantité, s'allonge, s'entortille, se tourne, se retourne convulsivement, & meurt en se roidissant; cependant ces animaux vivent dans une eau salée. Le seul excès les fait mourir.

Page 25. (7). L'Auteur veut parler de certains filets ou fibres allongées en forme d'anguilles, qui se trouvent dans une espece de bled niellé dont j'ai donné la description au long, avec la figure, dans mes observations microscopiques; c'est une sorte d'être purement vital, qui ne donne aucune marque même de spontanéité apparente dans ses mouvemens. Par spontanéité j'entends toujours une habitude de-vie dirigée par des connoissances qui partent d'un principe sensitif, supérieur à la matiere, & agissant avec sensation pour une certaine fin. Le défaut de spontanéité n'exclut pas, selon moi, un vrai principe organique intérieur de mouvement, purement matériel, que j'appelle vitalité. Les mouvemens de ces êtres vitaux se font par des infléxions continuelles & alternatives, en sens contraire, sans aucune progression; ils ne se nourrissent pas comme beaucoup d'autres êtres microscopiques, du moins ils ne paroissent jamais prendre, ou chercher quelque nourriture. Ce sont visiblement de vrais corps organiques, parfaitement semblables les uns aux autres, même en largeur & en longueur; on les conserve entièrement desséchés dans le grain autant de tems que l'on veut; je les y ai tenus au-delà de quatre ans, même pendant un été que j'ai passé en Portugal. M. *Baker* de la Société Royale d'Angleterre, très-célèbre Observateur, les a examinés; MM. *Tremblay* & *Alleman*, Professeurs à Leyde, les ont pareillement observés en les faisant passer ainsi de main en main pendant un espace de tems très-considérable. Quand on ouvre les graines ainsi conservées à sec, ils paroissent sans vie, adhérens ensemble en masse & comme en paquet; mais si on fait tremper les graines pendant quelques heures, on peut les tirer déhors tout pleins de vie. Leurs infléxions sont très-vives, & ils se meuvent continuellement dans l'eau la nuit comme le jour, & sans aucun repos, aussi long-tems qu'on entretient le fluide. On peut ainsi les faire revivre autant de fois que l'on voudra en se servant de quelques-unes de ces graines, que l'on met à part pour cette expérience. Cette espèce d'être microscopique demande une attention particulière, puisqu'elle montre évidemment une puissance vitale organique, qui n'est pas sensitive, telle que M. *Adanson* l'a trouvée dans la *Tremella*, espèce de plante aquatique. M. *de Buffon* l'a remarquée dans les animaux spermatiques, & moi-même dans plusieurs autres espèces

d'êtres microscopiques. Voyez les Observations imprimé[es]
en 1750 chez Ganeau.

Page 26. (8). Tous les êtres microscopiques, sans e[x]ception, ne sont pas simplement des êtres organiques [&] vitaux sans principe sensitif. Il y a indubitablement par[mi] eux des animalcules proprement dits, dont la génér[a]tion procéde à la maniere des animaux ordinaires ; [ce] sont ceux sur-tout qui ne se multiplient pas par di[vi]sion. Il suffit pour la vérité de ce système, d'avoir éta[bli] la these d'une vitalité organique, (espece de vie pu[re]ment matérielle, subordonnée au principe sensitif, & t[o]talement distinguée,) par un nombre suffisant de ces êt[res] d'une classe inférieure, dont la production se fait [en] même-tems d'une façon différente de celle des anima[ux] supérieurs.

En effet, quand on considere tous ceux qui se propage[nt] en se divisant, on conçoit très-bien le partage d'un ê[tre] simplement matériel, vital & organique ; mais on ne co[n]cevra jamais la division d'un être vraiment sensitif, sa[ns] tomber dans le matérialisme, dont certains demi-Phil[o]sophes nous ont accusés très-mal-à-propos, parce qu'[ils] ne se sont pas donné la peine d'étudier assez la force [&] l'étendue de nos principes pour les comprendre. Au rest[e] tous les phénomenes cités par notre Auteur, si on les pè[se] bien, ne sont peut-être pas des marques certaines & sa[ns] équivoque de vraie spontanéité avec sensation, & [ne] demandent pas nécessairement, pour les produire, la pr[é]sence d'un ame sensitive. Les êtres vitaux peuvent êt[re] organisés avec tant de délicatesse, qu'affectés physiqu[e]ment & matériellement par les causes extérieures, [ils] paroissent jouir de la spontanéité, & sentir, sans c[e]

dant avoir une véritable senfation. L'éléphant & cer-
s animaux fupérieurs, paroiffent raifonner; mais rai-
nent-ils en effet ? Telle eft la gradation établie par
Divinité d'une maniere qui eft infenfible pour nous
s l'échelle de la vie organique.

NOTES

Sur le troifieme Chapitre.

AGE 41. (1). Il y a beaucoup à obferver dans ce
apitre, & des idées très-effentielles à rectifier, tant
les obfervations, que fur le fyftême de M. *de Buffon*,
eft mal conçu, & conféquemment mal repréfenté.
M. *de Buffon*, perfuadé que les vers fpermatiques n'a-
ent aucun caractere effentiel de vrais animaux, en
it conclu précipitamment que tous les êtres microf-
iques des infufions leur reffembloient parfaitement en
ture comme en économie, l'Auteur auroit eû raifon
dire que ce grand Naturalifte fe feroit laiffé entraî-
par un certain amour pour le fyftême qu'il a adopté.
Il eft vrai que les argumens contre la ftricte animalité
la plûpart de ces êtres microfcopiques, dérivent prin-
alement & en premier lieu, comme d'une fource nul-
nent équivoque ou douteufe, des obfervations que nous
ons faites enfemble fur les productions fpermatiques;
ais ces obfervations prifes avec une certaine préci-
n, ne difent rien qui ne foit comme propre aux
uls vers fpermatiques; les conféquences néanmoins qui
découlent font enfuite étendues, non par une ana-

logie mal fuppofée, comme M. *Spalanzani* le foupçonn[e] mais par une induction bien foutenue d'une chaîne [de] raifonnemens que l'on peut appliquer à la plûpart d[es] autres productions aquatiques de ce genre.

C'eft envain par conféquent que l'Auteur en parla[nt] d'une partie feulement des obfervations de M. *de Buff[on]* fur la liqueur féminale des animaux, s'efforce dans to[ut] ce Chapitre d'établir une efpece de comparaifon entre l[es] êtres microfcopiques ordinaires qu'il venoit d'examine[r] & les vers fpermatiques décrits par le Naturalifte Françoi[s].

Voilà en peu de mots le vrai tableau, voilà le ra[i]fonnement de M. *de Buffon* & le mien. Il y a certa[i]nement un principe de vitalité matériel, diftingué [du] principe fenfitif, feul conftitutif de la ftricte animalit[é] qui fe difpofe organiquement, & qui, fubordonné a[ux] loix générales établies par la Divinité, végéte dans l[es] corps animaux qu'il forme comme dans les végétau[x] en les animant à fa façon ordinaire. N'importe quel[le] dénomination on lui donne, *molécules organiques*, *prin[cipe végétant]*, *force élaftique*, *efprit expanfif*, ou to[ute] autre: tout cela revient au même quant au fyftême [de] l'épigenéfe que nous foutenons. Voudrions-nous no[us] occuper férieufement d'une vaine difpute de mots?

Ce principe de vitalité eft le feul principe d'économ[ie] & d'action dans les végétaux & dans une certaine claf[fe] de ces êtres, qui, paroiffant fenfitifs fans l'être, fervel[nt] à lier enfemble le végétal & l'animal fenfitif. Ce mêm[e] principe vitalife tous les corps organiques en les forma[nt] par des loix prefcrites, ou dans des matrices particulieres ou fans matrice proprement dite. Cette vérité paroît pref[que] démontrée par le fyftême peu philofophique & in[?]

concevable des germes préexistans contenus les uns dans les autres à l'indéfini. Les observations que nous avons faites sur les corps spermatiques & autres de ce genre dont l'analogie n'est pas trop déguisée, prouvent assez visiblement que non-seulement il y a une vitalité réelle organique, & que ces mêmes êtres ne sont pas de vrais animaux, mais encore que leur génération ne ressemble en aucune façon à celle des animaux de la classe supérieure & vraiment sensitive. Pour ne pas être dans le cas de répéter inutilement ce qui est décrit fort au long dans le second volume de l'Histoire naturelle du cabinet du Roi, & sommairement dans mes observations microscopiques, j'exhorte le Lecteur à consulter ces deux Ouvrages, sans se fier trop aux Extraits faits par différens Auteurs, qui ne sont pas toujours fideles. Les préjugés de ceux qui s'intéressent follement en faveur du Matérialisme, ou de ceux qui veulent détourner le coup que nos observations portent à l'ancien systême des germes préexistans, sont si forts, qu'on risque de se tromper si on veut recevoir de la seconde main nos sentimens ou tronqués ou déguisés. En effet, M. *Spalanzani* lui-même ne cite, en établissant sa comparaison entre ces corps & les autres corps microscopiques, que deux observations faites par M. *de Buffon*, sur la nature de leur mouvement progressif, & sur celle des queues qu'ils traînent après eux : or la force de nos argumens ne dérive point de ces phénomenes qui ne sont que sécondaires dans la chaîne du raisonnement, mais de ce que ces êtres n'existent point dans le sperme avant qu'il se décompose hors du corps de l'animal, & qu'ils se forment très-visiblement à l'œil de l'observateur en quelques secondes de tems, à mesure que le sperme se corrompt. Nous nous appuyons encore sur la ramification vitale & végétale de ces parties épaisses & gélatineuses, dont les extrémités se forment en boules & s'animent, & sur ce mouvement vital & ensuite progressif de ces mêmes globules qui traînent après eux, en se détachant du corps de l'arbre, non point des queues proprement dites, mais les extrémités mêmes des branches d'où ils viennent de sortir. Tout ceci est bien vû, bien précis & bien positif; je suis moi-même témoin oculaire & sans la moindre équivoque.

Voilà donc une espece d'être organique & vital, beaucoup plus simple que ceux dont notre Auteur parle, moins sujet à nous tromper par une grande variété d'apparences, & visiblement distingué de tout être sensitif quelconque, par sa génération, par sa nature & par son économie. Voilà la base d'une certaine classe de vie au-dessus de la pure végétation, & au-dessous de la vraie animalité à laquelle on peut avec raison appliquer tout ce que les Cartésiens ont imaginé d'ingénieux sur le pouvoir de la méchanique animale, & l'étendre, non pas, comme ils le voulurent, jusqu'à l'homme exclusivement, mais à toutes les classes inférieures, à celle sur-tout de ces êtres qui propagent par division & dans le genre microscopique, aussi loin que l'observation & l'induction soutenue par une bonne chaîne de raisonnemens, peuvent nous autoriser à le faire. Mais que cela s'étende peu ou fort loin; que notre systême embrasse un grand nombre de ces êtres ou un très-petit; que l'on prouve enfin, sans qu'il reste le moindre doute, que tels & tels corps microscopiques sont réellement sensitifs, tout cela importe peu pour la vérité des principes que nous appliquons enfuite à la formation de tout corps organique, & prouvé par lui-même vital fans égard au principe fenfitif intellectuel que la Divinité a ajouté à la matiere organifée dans les claffes fupérieures.

Il me femble que la feule maniere d'attaquer notre fyftême, auroit été d'obferver avec plus de foin, s'il eût été poffible, les mêmes corps fpermatiques & toutes les autres efpeces qui en approchent le plus près en figure, en économie & dans la maniere de fe produire, & de réfuter par des obfervations plus exactes & plus multipliées tout ce que nous avons avancé fur leur nature. Au lieu de cela l'Auteur paroît avoir omis les découvertes effentielles & fondamentales, pour s'attacher à celles qui ne font tout au plus que fécondaires, & les comparer enfuite avec fes propres obfervations fur des efpeces très-éloignées de vers fpermatiques. C'eft de cette comparaifon mal établie qu'il part pour conclure nonfeulement que ce qu'il a vû étoient de vrais animaux, mais pour infinuer que les corps fpermatiques vûs par nous, & que lui-même n'avoit pas vûs encore, étoient probablement des animaux auffi vrais que ceux dont il donne la defcription. On verra peut-être clairement dans le cours de ces notes que tout ce qu'il produit pour infirmer une partie de nos preuves, & pour prouver l'animalité de ces êtres, n'eft tout au plus qu'équivoque, & que prefque tous ces prétendus animaux, dont l'organifation plus compléxe que celle des corps fpermatiques donne néceffairement plus de phénomenes, doivent être par induction plutôt rangés parmi nos êtres vitaux que parmi les fenfitifs. Une feule raifon entr'autres me femble décifive. Ces animaux fe multiplient la plûpart par division, & on ne conçoit pas du tout, comme je l'ai remarqué, qu'un être strictement sensitif puisse se partager, au lieu qu'en les supposant purement vitaux, comme les êtres spermatiques & autres quoique plus complèxes, toute la difficulté s'évanouit dans la Physique & dans la Morale. Quoi qu'il en soit, les êtres que l'on représente à la fin de ce Chapitre, comme nouveaux & comme approchans en quelque façon des êtres spermatiques à cause des queues qu'ils traînent après eux, ne font autre chose que les Polypes à cloches, observés par MM. *Tremblay* & *Baker*, & par moi-même ; ces Polypes ne doivent en aucune maniere, vû leur extrême différence, être mis en comparaison avec les corps spermatiques ; il y a aussi loin de ceux-ci aux autres, que de la plante sensitive aux champignons.

NOTES

Sur le quatrieme Chapitre.

PAGE 46. (1). Les deux expériences précédentes méritent la plus grande attention. Nos Adversaires prétendent que les germes qu'ils supposent toûjours exister selon leurs principes, & d'où ils font sortir les êtres microscopiques dans des infusions faites avec exactitude, viennent du déhors malgré tous nos soins, & se multiplient ensuite en proportion de la nourriture : or si cela étoit vrai, M. *Spalanzani* auroit trouvé au moins quelques-uns de ces prétendus animaux & dans son eau distillée & dans ses infusions des matieres évaporées, quoique privées de leur force vitale végétante, & de la plus grande partie du suc nourricier.

Page 48. (2). C'est encore une chose digne de remarque, que tous ces prétendus animaux naissent & se multiplient toujours en proportion de la matiere végétale qui se décompose, de façon que quand le tout est parfaitement évaporé & privé de sa force vitale, il ne reste absolument rien d'animé dans l'infusion ; événement qui prouve très-clairement, selon moi, que ces êtres ne proviennent point du déhors par des germes étrangers qui s'y déposent, mais de la nature même constitutive des végétaux organiques qui se décomposent. Comment, sans cela, concevoir que pas un seul être mouvant ne se montre après la parfaite évaporation de la substance infusée ?

Page 49. (3). Toutes ces observations sont bien exactes, & quadrent entiérement avec celles que j'ai faites plusieurs fois. C'est pour cela que, partant des êtres spermatiques dont je connoissois exactement & visiblement l'origine, j'ai cru pouvoir conclure que presque tous ces êtres vitaux provenoient de même de la nature de la matiere organique qui se décompose toujours de plus en plus pour rentrer dans ses premiers élémens, puisque l'apparition de ces corps, leur multiplication, leur division & leur diminution jusqu'à leur disparition totale, sont toûjours en exacte proportion avec la matiere qui à la fin s'évapore & s'épuise entiérement.

Page 50. (4). Je crois que par le mot Italien, *Finirono*, ils *moururent*, ils *cesserent d'exister* l'Auteur entend que ces animaux *disparurent* ; car à moins qu'on ne les fasse mourir d'une mort violente, en mettant du sel dans l'eau ou quelque autre chose contraire à leur tempérament, je puis certifier par ma propre expérience qu'on ne les a jamais vûs mourir d'une mort naturelle. La vérité est qu'ils se partagent continuellement. M. *de Saussure*, Professeur de Geneve, qui les a observé très-soigneusement, en a été très-souvent témoin oculaire. C'est ainsi que les grands diminuent, & que les petits se multiplient continuellement par une division qui se porte jusqu'à la disparition complette de toute la multitude. La matiere végétale devient ensuite un pur *caput mortuum*, qui ne produira jamais rien d'animé, si on se sert d'eau distillée, quelques soins que l'on puisse prendre. Nos Mariniers remarquent que l'eau de la Tamise qu'ils portent avec eux dans leurs voyages, se corrompt & se purifie alternativement jusqu'à sept fois, après quoi elle reste parfaitement claire, & pure jusqu'à la fin du voyage ; ce sont, selon nos principes, autant de générations successives, par la végétation des substances organiques mêlées dans l'eau qui s'épuise à la fin dans la formation des êtres vitaux, & dont la multitude disparoît par degrés, en se divisant par une atténuation continuelle, jusqu'aux premiers principes de la matiere organique.

Page 51. (5). Cette observation est très-importante. C'est une regle générale, qu'aucun de ces êtres vitaux ne paroît avant que la matiere infusée ait commencé à se corrompre, ou, pour m'exprimer plus philosophiquement, à se décomposer. Or, certaines graines, comme le bled sur-tout qui n'est pas ergoté, & certaines substances résistent à la corruption plus long-tems que les autres, & l'apparition de ces corpuscules nouveaux se conforme toûjours exactement à la décomposition de la substance infuſée, en ſuivant pas à pas les différens dégrés. La conſéquence eſt très-facile à tirer en faveur de nos principes.

Page 52. (6). C'eſt une vérité bien remarquable, que ces périodes, dont parle notre Auteur, dépendent abſolument de la force & de la quantité de la matiere végétante infuſée; je m'en ſuis aſſuré par un nombre infini d'obſervations.

Page 52. (7). L'Auteur n'a pas compris ce que j'ai voulu faire entendre par la force végétante de la ſubſtance infuſée. Il croit ici, & la même erreur reparoît fort ſouvent dans la ſuite de ſon Ouvrage, que j'ai parlé de la force ordinaire végétante des plantes, par laquelle elles ſe développent en feuilles, en branches & en racines. Il n'eſt rien de tout cela. Quand il s'agit de la production de ces corps organiques, je conſidere au contraire la plante dans un état de corruption comme plante; car c'eſt alors qu'elle perd abſolument ſa forme primitive, & qu'après avoir été dépouillée de ſes ſels, de ſes huiles, & des autres principes conſtitutifs, ce qui reſte devient une matiere gélatineuſe & toute filamenteuſe qui végéte par elle-même en branches vitales, & ſe partage en corps ronds animés, ou pouſſe au-déhors des globules mouvans. Si M. *Spalanzani* eût conſidéré la choſe ſous cet aſpect, il auroit vû clairement que ces corps ne ſe montrent jamais avant qu'une partie de la ſubſtance infuſée ſoit réſolue en matiere gélatineuſe, & qu'ils diſparoiſſent toûjours, quand cette matiere s'épuiſe, & devient un *caput mortuum*. Voilà la végétation dont j'ai toûjours entendu parler, comme eſt celle que j'ai déja citée de la ſemence animale: & c'eſt ce que j'ai prétendu dire, quand j'ai avancé dans mon Livre, que chaque point sensible de la matiere organique est doué d'une force végétante, autrement dite *expansive*.

NOTES
Sur le cinquieme Chapitre.

P_{AGE} 57. (1). Ce Chapitre est très-intéressant : le sçavant Auteur présente avec une industrie, & une pénétration qui lui font beaucoup d'honneur, des expériences de la plus grande importance, sur-tout la derniere, qu'il a fort bien imaginée après une découverte très-curieuse, communiquée dans les Mémoires du célébre Institut de Boulogne. Cette expérience, dont j'ai fait mention dans mes observations microscopiques parmi les notes, consiste à prendre de la pâte ordinaire faite avec de la farine de froment, de la bien laver dans une eau courante en la pétrissant continuellement, pour séparer parfaitement ce que M. *Spalanzani* appelle la partie *amilacée*, ou végétale, & la faire distiller ensuite dans un alambic pour en obtenir un extrait chymique. Le résultat est, qu'au lieu de donner un sel fixe & végétal, comme tous les végétaux dont on fait l'analyse avant qu'ils se corrompent, elle rend un sel volatil animal, & dans l'extrait qu'on en peut tirer, elle tient en tout à la nature animale. Nous examinerons ce que l'on peut conclure de cette expérience en faveur de nos principes avant que de terminer cette note : en attendant, prenons les observations de notre Auteur par ordre, comme il les donne, pour pouvoir raisonner conséquemment à ses découvertes.

La même erreur sur ce que je nomme *force végétative* dans mon Traité sur la génération, reparoît au commencement de ce Chapitre; & les expériences qu'il contient, la supposent jusqu'à la fin. Or il est très-essentiel de ne pas confondre la végétation ordinaire d'une plante avec celle qui produit les êtres vitaux, dont nous parlons ici, quoique ces deux forces ne soient absolument parlant, si nous généralisons nos idées, que la même qui differe dans ses effets & qui prend une route différente. Il est très-vrai que pour hâter la génération de ces corps vitaux, & pour prouver en même-tems que la force végétante qui forme, nourrit & développe la plante, & la force vitale qui produit les êtres microscopiques, dépendent d'un seul & même principe, je me suis servi très-souvent, en disposant la substance végétale à germer, des moyens propres à mettre ce principe en mouvement; mais je n'ai pas poussé ces moyens si loin que notre Auteur, qui les fait aller jusqu'à produire des racines, & des branches parce qu'il ne m'a pas compris. Le résultat étoit, & pour lui & pour moi, à-peu-près le même; il a eu aussi bien que moi de ces êtres vitaux, bien plutôt que par la voie ordinaire, & presque sur le champ; mais il auroit été plus simple, selon mes principes, & peut-être plus heureux encore dans les effets, d'exciter seulement la force organique végétatrice, sans la pousser trop loin, plutôt que de lui laisser prendre la route de la végétation ordinaire, pour la rappeller ensuite à celle de la végétation vitale. Le moyen dont je me suis servi, & qui est décrit dans mon Traité sur ces matieres, est de semer pendant quelque tems des grains de froment, ou tout autre grain, & de les tirer de terre avant qu'ils aient poussé des racines, aussi-tôt que la substance intérieure du grain s'est convertie en suc laiteux. L'effet fut que ce suc laiteux, comme je l'avois prévu, mêlé avec un peu d'eau bien claire, me fournit aussi-tôt des corps vitaux, pendant que le même grain, infusé entier dans un état aride, résista très-longtems à la décomposition, &, autant que je m'en souviens, celui du froment résista quelquefois pendant plus de trois semaines. Si M. *Spalanzani* avoit lû mon Ouvrage attentivement, il auroit pû voir que j'ai pris toutes les précautions nécessaires, quand j'ai disposé mes grains à produire les végétations vitales, pour les empêcher de germer par la voie ordinaire, (ce qui auroit affoibli leur force inutilement,) en ôtant le petit germe qui paroît à une des extrêmités. Alors en les faisant surnager par le moyen d'une tranche de liége très-mince dans laquelle ils avoient été insérés, la partie inférieure du grain, qui étoit plongée dans l'eau, poussoit en bas, non pas des racines naturelles, comme l'Auteur entend la chose, mais des filamens vitaux, ou de vrais zoophytes. Voyez mes observations microscopiques.

Toutes les expériences de ce Chapitre, qui confirment exactement mes découvertes, étant mises dans le jour qui leur convient, il paroîtra très-clair que la production de ces êtres dépend entierement de la force intérieure organique de la substance infusée, comme cause vraiment effective, & non pas de sa corruption, selon les idées de M. *Spalanzani*, comme cause purement occasionnelle.

Je suis d'autant plus fâché de la méprise d'un Observateur

vateur si industrieux, & si ingénieux dans une expérience si importante, que s'il avoit suivi exactement ma méthode ; il aura vû les mêmes zoophytes, que j'ai obtenus par les moyens que j'ai employés ; il aura remarqué leur vraie vitalité, & devenu par-là témoin oculaire des produits qu'ils donnent en forme de globules mouvans, après les avoir portés quelque tems en forme de semence comme les plantes ordinaires, il auroit rendu indubitablement justice à la vérité, à l'exactitude & aux conséquences de mes découvertes.

Suivons notre Auteur dans ses expériences : voici la différence qu'il a trouvée dans les résultats de ses infusions avec des graines broyées ou des graines entieres. La substance non broyée fournissoit des corps mouvans, grands, distincts, bien formés & *agréables à la vue*; c'est son expression : le contraire arriva quand la substance eut été broyée ; de plus, dans celle-ci ils disparurent bientôt, dans la premiere ils se conserverent plus long-tems. Or si la production de ces corps vitaux dépend, comme l'Auteur le soupçonne, de la décomposition de la substance infusée, seulement comme cause occasionnelle, qui fait éclore les œufs déposés par des animaux dans la substance même avant qu'elle se décompose, ou si on doit attribuer ces productions à cette espece de nourriture propre qu'elle fournit, qui attire les meres comme la chair attire les mouches, ou qui reçoit les germes qui tombent de l'atmosphére ; je dis que dans toutes ces vues on ne rend aucune raison suffisante de la différence qui se trouve entre les produits de la même substance broyée, ou non broyée. Au contraire, si on suppose avec moi, que toute substance quelconque, animale

M

ou végétale, donne pour produit en se décomposant ces corps vitaux, comme cause vraiment effective, alors on conçoit si bien pourquoi la même substance dans un état différent doit donner des résultats différens, de la maniere qu'il nous les décrit, que j'aurois pû lui prédire exactement avant l'expérience ce qui lui est arrivé, uniquement par les vues générales que l'expérience me donne dans cette matiere.

En effet, la substance infusée n'étant pas broyée, & se décomposant par de grandes parcelles, fournit nécessairement des filamens vitaux plus grands, & plus denses en proportion : or les êtres vitaux, qui sont les produits de ces mêmes filamens, quelquefois par une simple division des parties, quelquefois par une espece d'accouchement, choses dont j'ai été très-souvent témoin oculaire, doivent pareillement être proportionnels en masse, & en volume aux matrices, d'où ils sortent. Par les mêmes raisons, la substance broyée doit donner des êtres plus petits, toûjours en proportion de ses parties, & ces êtres, comme M. *Spalanzani* le remarque, doivent disparoître de l'infusion plutôt, parce que la division continuelle, qui a toûjours lieu dans cette espece de vie, les enleve plutôt que ceux de la grande espece, dont le volume & la masse sont plus sensibles. Je prie le Lecteur de se souvenir que tout ce que je viens de dire, & qui seul peut rendre raison des phénomenes, n'est pas une hypothese arbitraire imaginée pour les expliquer, mais que ce sont autant de faits dont je suis témoin, & qu'il pourra lui-même renouveller aussi souvent qu'il voudra. De plus, ce qui confirme infiniment notre systême de vitalité, est encore un autre phénomene très-remarquable qui suit, & je m'étonne même que l'Auteur ingénieux, qui avoit si bien imaginé l'expérience, n'en ait pas vû tout de suite les conséquences nécessaires. Il avoit commencé par infuser des semences entieres, & pendant qu'en se décomposant, elles fournissoient des êtres mouvans en très-grande abondance, il s'est avisé de les broyer, & de renouveller l'eau. La suite a été celle que j'aurois attendu naturellement, mais qui ne pouvoit avoir la moindre liaison avec tout autre systême que le nôtre, ces substances ne fournirent plus aucuns animaux. Or, si la substance infusée n'étoit vraiment dans tous ces phénomenes, qu'une pure cause occasionnelle, ou pour faire éclore les germes, ou pour les nourrir quand ils sont éclos, broyée, ou non broyée, elle donnera les mêmes apparences que la chair corrompue, relativement aux germes des mouches. Car, ceux qui périssent par le broyement n'empêcheront jamais ceux qui doivent leur succéder d'éclore, & ne rendront pas la substance, qui reste, moins propre à faire leur nourriture.

Dans ce systême d'une vitalité continuelle qui doit se développer, & se partager toûjours en parties vitales, qui vont toûjours en diminuant jusqu'à perte de vue, qui ne voit maintenant que le principe une fois en mouvement, ne doit pas être troublé par un broyement qui le dissipera entierement, ou le réduira en parcelles végétantes si petites, que ses produits ne seront plus sensibles à l'Observateur? il restera par-conséquent une masse morte aux yeux en apparence, sans aucune vitalité sensible, & l'infusion, comme M. *Spalanzani* l'a observé, ne fournira plus aucun être mouvant.

Mais rien ne prouve mieux l'efficacité productive du

principe vital de la partie organique de la matiere que la derniere expérience de ce Chapitre, c'est par-là que je finirai ces remarques. Elle est très-curieuse, & d'autant plus intéressante, que l'Auteur la traite presque comme je l'aurai traitée moi-même aux conséquences près, qui sont cependant assez décisives à mon avis en faveur du système de l'épigenese, & qu'il paroît en même-tems entendre le sens précis que je donne par-tout au mot végétation, dont il se sert conformément à mes idées. Pour la bien comprendre, il est nécessaire que le Lecteur se rappelle, (& M. *Spalanzani* lui-même l'a toûjours éprouvé), que rien ne paroît dans les infusions, avant que la matiere infusée, soit végétale, soit animale, ne se soit corrompue, c'est-à-dire, pour parler plus philosophiquement, avant qu'elle ne se soit décomposée. Cette décomposition se fait plutôt ou plus tard, selon les circonstances du plus ou du moins de chaleur, ou selon la qualité de la substance. En général, la matiere animale se décompose plutôt que la végétale ; & toutes les différentes especes de chaque genre résistent plus ou moins selon leurs différens tempéramens, qui dépendent de la contexture de leurs parties, plus ou moins lâche ou serrée. Ce que j'appelle principes de résistance ou ténuité, comme sels, huiles, &c. & ce que M. *de Buffon* nomme matiere morte, ou brute, se sépare de la partie vitale, expansive & gélatineuse, qui paroît dans le microscope composée d'une multitude de filamens entrelacés, & c'est alors que les globules mouvans se déclarent ; donc cette même matiere gélatineuse est la matrice, & la cause vraiment effective selon notre système.

Rien ne pouvoit être mieux imaginé, pour constater

la vérité, que cette féparation de la partie gélatineuſe dans la pâte de froment, dont le moyen avoit été donné auparavant par l'Inſtitut de Boulogne. Selon mes obſervations, la partie gélatineuſe étant ſeule productive, la partie amilacée devroit être regardée comme une matiere morte; or, ſi les prétendus germes étoient cachés dans la pâte, ou provenoient en aucune façon du dehors, comme les Adverſaires de l'épigeneſe le prétendent, deux différentes infuſions faites avec la partie gélatineuſe & la partie amilacée ſéparément, devroient fournir également, ou au moins dans une certaine proportion, un nombre de ces êtres vitaux. Quelle étoit donc la conſéquence de cette féparation faite préalablement avant la décompoſition naturelle de la pâte de froment? celle que naturellement on pouvoit prévoir. L'infuſion de la partie gélatineuſe fourmilloit de ces corps mouvans, l'autre de la partie amilacée n'en avoit point quelquefois, ou ſi peu qu'on doit les attribuer à certaines petites parcelles de la partie gélatineuſe qui échappent dans le lavage, & ſe mêlent avec la partie amilacée quand on ne prend pas toutes les précautions néceſſaires pour l'avoir entierement épurée.

Il me ſemble maintenant que l'on peut tirer de toutes ces obſervations un certain nombre de vérités claires. 1°. Toute ſubſtance animale, ſur-tout celle dont le tiſſu eſt plus mol & plus délicat, donne plutôt, & un plus grand nombre en proportion de ces êtres vitaux, parce qu'elle a en elle-même une plus grande proportion de matiere gélatineuſe & vitale, & parce que ſes principes de réſiſtance, comme ſes ſels volatils, ſes ſoufres, ſes huiles, ſont beaucoup plus légers que les ſels fixes des végétaux.

2°. La partie gélatineuse de la pâte de froment étant séparée de la partie amilacée est dans le cas d'une vraie substance animale, comme les phénomenes microscopiques, & l'analyse chymique le prouvent. 3°. Tous les végétaux, en général, que l'on laisse se corrompre ou se décomposer, donnent par la séparation naturelle de la partie gélatineuse & vitale, les mêmes principes chymiques, c'est-à-dire les sels volatils, &c. & fournissent aussi-tôt, sans le moindre retardement, les êtres vitaux en question ; d'où il suit que toute substance quelconque organique, contient en elle-même une quantité proportionnelle de la partie gélatineuse & vitale, comme une partie essentiellement constitutive de son être. 4°. Cette proportion plus ou moins abondante dans les différens êtres organiques, selon leurs genres & leurs especes, est nécessaire pour former tous les différens tempéramens, & cette chaîne de vitalité qui monte à mesure que la matiere s'exalte vers le principe sensitif, & qui descend vers la matiere morte, ou résistante avec toutes les nuances les plus délicates dont le systême est susceptible. 5°. M. *Spalanzani*, en considérant la force végétante dont je parle dans mes observations microscopiques, & de la maniere dont je l'entends, doit non-seulement revenir de sa façon d'envisager ces objets, mais trouver une explication très-claire & très-heureuse de tous les phénomenes singuliers qu'il décrit dans ce Chapitre avec tant d'exactitude ; car la comparaison qu'il fait à la fin entre la production de ces êtres microscopiques, & celle des vers que les mouches déposent dans la chair animale ne peut jamais se soutenir. Ces vers paroissent avant que la chair se corrompe, aussi-tôt qu'elle est exposée, & ils ne paroissent jamais si le vase dans lequel on la renferme est légérement bouché, au lieu qu'il n'y a aucun moyen d'empêcher la génération des êtres microscopiques, si la forme substantielle de la matiere infusée se conserve, comme nous verrons ci-après, même en scellant les phioles hermétiquement ; & ils ne se montrent point du tout pendant plusieurs jours de suite, même quand on expose les infusions au grand air, avant que la substance infusée se décompose & devienne absolument fétide.

Quant à la prétendue circulation des germes dans la seve des plantes que l'Auteur suppose possible, ou dans les vaisseaux des animaux, il me semble que l'on voit assez par tout ce que nous avons dit, que c'est non-seulement une pure hypothese, mais qu'elle est contraire aux phénomenes. Autant vaudra-t-il peut-être, en partant de la divisibilité de la matiere, avancer que les prétendus germes peuvent passer à travers les pores du verre quoique bouché hermétiquement, mais où trouvera-t-on un système, quelque démontré qu'on le suppose, qui tienne contre des suppositions gratuites de cette espece ?

REMARQUES

Sur le sixieme Chapitre.

JE dois commencer ces remarques par répéter ce que j'ai déja observé, sçavoir que M. *Spalanzani* se trompe toûjours sur le fond de mon expérience, & que, par cette méprise, il a rendu équivoque ce qui est très-clair &

très-concluant. Car s'il avoit cherché ce que j'ai cherché de la maniere prescrite dans mes observations, s'il avoit eu le bonheur de voir précisément ce que j'ai vû, & indiqué par des figures assez détaillées, loin de vouloir comparer des choses aussi disparates que sont la génération par œufs & par chrysalides de certaines mouches ou moucherons qui viennent du déhors d'une maniere très-connue & très-visible, & la génération des êtres microscopiques qu'il suppose pareillement amphibies, selon leurs différens états, sans aucunes preuves, je dois croire qu'il auroit raisonné tout autrement sur les phénomenes qu'il présente dans ce Chapitre. Lorsque j'ai recommandé, dans mes observations, de semer les graines avant de les infuser, je n'ai jamais voulu dire qu'il fallût les laisser dans la terre jusqu'à ce qu'elles poussassent des racines, & l'Auteur, dans cette occasion, confond ensemble deux expériences très-différentes. Celle des graines jettées en terre regarde uniquement la prompte génération de ces êtres, dont l'accélération dépend toûjours de la décomposition plus ou moins accélérée de la substance végétale; & pour répondre à mes vues par un genre de preuves qui n'est destiné qu'à montrer l'exacte liaison de la cause & de son effet, il ne faut simplement que laisser les graines s'amollir dans la terre jusqu'à ce que la substance farineuse se convertisse en suc laiteux. En prenant ce suc ainsi exalté, selon mes idées, & disposé à se vitaliser en corps organiques, & en en faisant tomber quelques gouttes dans de l'eau ordinaire ou distillée, si on veut, pour ôter toute équivoque, ces êtres paroissent, & se montrent presqu'aussi-tôt que les vers spermatiques dans la semence animale qui se décompose *sur les Etres microscopiques.* 185

dans un espace de tems très-court. C'est un moyen, selon moi, d'en avoir très-promptement, & bien plutôt que si on infusoit les graines tout de suite sans aucune préparation ; donc les conséquences reviennent entierement à mon systême, & sont inexplicables dans aucune autre hypothese, & même inapplicables à la génération des moucherons par œufs & par chrysalides.

Ma seconde expérience, qu'il croit traiter dans ce Chapitre, & qu'il confond avec celle-ci, de façon que toutes les deux se trouvent couvertes d'obscurité & d'équivoque, est la même que celle dont j'ai fait mention dans les notes précédentes. Loin de faire pousser à mes graines des racines, ce qui ne peut servir qu'à confondre la végétation ordinaire des plantes avec la végétation vitale, par le mélange confus des filamens végétaux déja formés avec les filamens vitaux ou les vrais zoophytes qui poussent ensuite, j'ai toûjours pris les plus grandes précautions pour empêcher les graines de germer. Ma maniere de traiter cette expérience est assez clairement décrite, il me semble, dans mes observations microscopiques ; cependant je la répéterai encore ici, afin qu'on ne se trompe plus sur mes procédés.

Après avoir ôté le germe qui se trouve au gros bout du grain de froment, je le fais passer par le petit bout à travers une tranche de liége très-mince, de façon que les deux tiers du grain baignent dans l'eau tandis que le liége surnage dans mes vases. Par ce moyen la substance intérieure, en se décomposant, a toute la facilité de pousser par en-bas les plantes vitales, ou zoophytes qu'elle produit, & ces plantes se trouvent ainsi dégagées de toute autre végétation étrangere, qui ne peut servir qu'à cacher le jeu de la nature. Quand les plantes font un peu avancées, on coupe toute cette partie de la graine qui trempe dans l'eau, & on la pofe avec fes productions fur fa bafe dans un chryftal de montre où l'on a mis une nouvelle eau toute claire, & même diftillée, fi on veut, pour plus grande précaution. Si M. *Spalanzani* avoit vû, comme moi, ces graines difpofées de la façon que je viens de décrire & dégagées de toute autre matiere étrangere, s'il avoit pû remarquer que la tête de chaque plante, qui fe gonfle infenfiblement, eft remplie au commencement d'une liqueur limpide, que fa tranfparence diminue peu à peu, & produit enfuite des globules en forme de femences, fans vie en apparence, qui fe forment fous les yeux du Spectateur : enfin fi, pour le dénouement de ce fpectacle, il avoit obfervé que ces mêmes globules, qui fortent en foule après avoir rompu leur matrice, font vraiment animés, & courent çà & là avec tous les caracteres des êtres organiques ordinaires du microfcope, qu'on appelle communément animaux, je fuis perfuadé que fa bonne foi & fa fagacité m'auroient fauvé l'efpece de reproche qu'il femble me faire à la fin de ce Chapitre.

En effet, comment concevoir, à moins qu'on ne veuille me fuppofer abfolument novice dans l'art d'obferver avec le microfcope, ou téméraire & précipité dans mes décifions, que je ne connoiffois pas les productions aquatiques dont les germes viennent du dehors, ou que je n'aie fçu pas prendre mes précautions contre toute illufion de cette efpece ? Certainement celui qui prend le change auffi facilement, pour ne pas dire fi lourdement, ne doit jamais s'avifer de manier le microfcope dans le dessein de faire de nouvelles découvertes qui demandent les attentions les plus délicates & les précautions les plus scrupuleuses. M. *Spalanzani* croit trouver de la ressemblance entre la sortie visible de ces chrysalides aquatiques en forme de moucherons, & la dissipation subite & complette dans le même tems d'une nation entière de ce qu'il appelle animaux microscopiques, qu'il suppose s'attacher invisiblement aux côtés du verre pour prendre ensuite la forme de mouches invisibles. Il cite *Valisnieri*, qui atteste la métamorphose des anguilles du vinaigre en moucherons; *Valisnieri* est indubitablement un Auteur très-respectable, mais on me permettra de douter du fait qui n'a jamais été vû par aucun autre Observateur, & que je crois supposé par lui, comme convenable à son système des germes préexistans, plutôt qu'une vérité réelle dont il a été témoin oculaire. Mes preuves me paroissent convainquantes; ces anguilles, comme celles de la colle de farine, dont j'ai fait l'expérience avec feu M. *Shervood* le fils, Chirurgien, par une espece d'opération césarienne devant la Société Royale, sont certainement vivipares. (Voyez les Transactions Philosophiques vers l'année 1745.) D'autres Naturalistes avant moi ont fait la même observation. Or, un être organique vivipare ou ovipare en état de produire son semblable, est déja arrivé à son état de perfection, & ne se métamorphose pas : c'est une vérité en faveur de laquelle la nature dépose si généralement, qu'une exception de cette nature, unique dans son espece, seroit comme un monstre dans la Physique. Ajoutons à tout cela que la disparition totale d'une nation, avouée par M. *Spalanzani*, & observée très-souvent par moi-même, ne reſſemble pas du tout à des métamorphoſes en chryſalides ou en moucherons qui ne ſe font jamais qu'à meſure & ſucceſſivement. Nous avons déja donné la ſeule explication raiſonnable de ce phénomene ſingulier dans nos obſervations microſcopiques, qui revient uniquement à notre ſyſtême. C'eſt la nature de ces êtres, auſſi-tôt qu'ils naiſſent, de ſe multiplier toûjours par diviſion ; & comme j'ai en même-tems toute la raiſon du monde de croire qu'ils ne ſe nourriſſent point après leur naiſſance comme les vrais animaux, ou peu en proportion de leur multiplication, le partage continuel de ces êtres, que M. *de Sauſſure* de Geneve a vû pluſieurs fois, les fait diſparoître ainſi tous enſemble ; & ce qui eſt encore à remarquer, les plus petits, au lieu d'aggrandir leur volume en ſe nourriſſant, diſparoiſſent toûjours les premiers. C'eſt le contraire, & la raiſon abſolument inverſe de tous les animaux qui proviennent des œufs en forme de vers, & qui, de l'état de chryſalides, ſe métamorphoſent enſuite en moucherons. D'ailleurs comment arrive-t-il, dans une multitude ſi étonnante, d'êtres qui diſparoiſſent enſemble, qu'on ne voit jamais ni chryſalides ni moucherons, puiſque le moucheron qui doit provenir de la métamorphoſe, & ſa chryſalide, ſelon le cours ordinaire de la nature, doivent égaler à-peu-près en grandeur l'animal aquatique dans ſon état primitif ?

Examinons maintenant la choſe de la maniere que notre Auteur la propoſe, & en ſuivant pas à pas les procédés de ſon expérience. Les filamens, ſelon lui, paroiſſent ſouvent accoucher, en quelque façon, d'animaux ; ils ſortent de leur ſubſtance intérieure après que toute la maſſe s'eſt agitée ; ils ſont renfermés dans une enveloppe épaiſſe ; ils s'animent peu à peu après leur naiſſance, & deviennent, avec le tems, des animaux microſcopiques parfaits en forme & en activité. D'autres fois ils paroiſſent attachés à l'extérieur des filamens ; ils ſe détachent comme les premiers en s'animant de plus en plus, & ils paroiſſent laiſſer derriere eux, en naiſſant, les tégumens qui les contenoient.

Par toutes ces obſervations on apperçoit, il me ſemble, aſſez clairement que notre ſçavant Proféſſeur a vû en effet les mêmes phénomenes que j'ai décrits dans mes obſervations, mais d'une maniere moins diſtincte, & ſi confuſe par le mélange des racines ou parties végétales avec les filamens vitaux, que les conſéquences immédiates devenoient équivoques, & lui ont laiſſé un certain champ libre de comparer la naiſſance des vers dans des chairs pourries, ou la métamorphoſe, comme ci-deſſus, de certains inſectes avec la génération des êtres microſcopiques La plus légere attention ſuffit cependant pour faire diſparoître une comparaiſon établie entre des choſes ſi diſparates. Les vers ſe montrent auſſi-tôt que la chair eſt expoſée, quoiqu'en plus petit nombre & long-tems avant qu'elle ſoit corrompue, ce qui n'arrive pas par rapport aux êtres microſcopiques qui ne paroiſſent jamais avant la décompoſition du corps infuſé : quelquefois même pendant trois ſemaines de ſuite, ſi la ſubſtance macérée, comme par exemple un tas de bled en entier ou toute autre ſubſtance un peu ſolide, réſiſte long-tems à ſa deſtruction, on ne voit aucun ſigne de vitalité. D'un autre côté, ſi on diſpoſe ce même bled, ou tout autre corps quelconque à ſe décompoſer plutôt en l'enfonçant dans la terre ou en le faiſant végéter, comme l'Auteur en convient, on a de ces êtres microscopiques presqu'auſſi-tôt, & dans quelques minutes après l'infuſion. Avant ce moment pas un ſeul ne ſe montre ; après ce moment ils paroiſſent en grande multitude, & dans toute leur perfection.

Après des faits ſi conſtans, & toûjours exactement concomitans, je laiſſe au Lecteur à décider ſi la comparaiſon de M. *Spalanzani* eſt juſte, & ſi on doit regarder la décompoſition de la ſubſtance infuſée comme une pure cauſe occaſionnelle, ou comme une cauſe effective de ces êtres microscopiques. Mais avant de finir ces remarques ſur le ſixieme Chapitre, il faut que j'obſerve encore deux choſes qui me paroiſſent importantes. Premierement l'Auteur n'a pas trop bien compris mes principes de génération en ce qu'il avance, que mon opinion eſt que le *végétal ſe change en animal*; c'eſt une mépriſe de ſa part qui regarde pareillement les principes de M. *de Buffon*, qui ne différent principalement des miens que dans la maniere de nous exprimer. Or, ſi j'avance ſur des preuves qui ne me paroiſſent nullement équivoques, que le pur végétal exalté ſe vitaliſe, je conſidere, avec M. *de Buffon*, la ſimple vitalité comme contenue dans la puiſſance de la matiere, ſans ſortir ni de la nature, ni des loix preſcrites par le Créateur pour la formation de la partie vitale, irritable & organique des animaux : mais je reconnois, & j'ai toûjours reconnu comme néceſſaire pour completter le vrai animal qui doit être ſenſitif, un principe de ſenſation, une ame qui n'eſt pas compoſée comme le ſyſtême organique, & qui, quoiqu'anéantie avec le corps ſelon le bon plaiſir de ſon Créateur, eſt néanmoins ſupérieure à la vitalité, & hors de

toutes les puissances de la matiere la plus exaltée. Secondement notre Auteur, en même-tems qu'il avoue que
ce tissu fin des filamens qui surnage, & qui paroît en forme de vapeur sans le microscope est une vraie continua-
tion ou émanation du végétal infusé, révoque en doute
si les globules animés qu'il en a vûs sortir sont vraiment
une production de ces mêmes filamens. La premiere raison qu'il allégue, me paroît si obscure & si peu liée avec
le sujet, que je l'abandonne au Lecteur pour ce qu'elle
peut valoir. La seconde ne nous paroîtra nullement concluante, si nous considérons que le végétal, en se vitalisant, laisse derriere lui une matiere brute & sans vie,
quoiqu'organique, tout comme les vrais animaux abandonnent leurs tégumens, qui ne font plus aucune partie
de l'animal après sa naissance. La même chose s'observe
sur les coraux, les coralloides, les madrépores & tous
les polypiers en général ; quand la masse est privée de
ses polypes ou parties vitales, le corps de l'arbre demeure
sans aucune apparence de vie, & ses parties brutes, quoiqu'organiques, différent sensiblement des parties vitales
dont elles se trouvent privées. Un exemple très-clair de
ce que je veux faire concevoir au Lecteur se présente
dans cette espece de polypier d'eau douce qui paroît au
microscope sous la forme d'un véritable arbrisseau. Quand
cette espece de zoophyte est dans toute sa vigueur, il
est évident à l'Observateur que le tout ensemble ne compose qu'un seul corps organique & vital, puisqu'au moindre attouchement, toutes les branches avec leurs polypes
& le corps entier, se contractent en même-tems sous la
forme à-peu-près d'une grappe de raisin ; cependant quand
les extrémités de ces branches se trouvent avec le tems

privées de ses polypes étoilés, ou parties vitales qui se séparent ou périssent, les branches & le corps de l'arbre demeurent roides, étendus & comme desséchés sans aucun mouvement ou signe de vitalité. Voyez les Ouvrages de MM. *Tremblay*, *Ellis*, &c. Voyez aussi la septieme Planche avec ses figures.

REMARQUES
Sur le septieme Chapitre.

L'AUTEUR compare ce qu'il a vû dans ses infusions avec ce que j'ai décrit dans mes observations. Mais il se trompe sur les objets; l'infusion dont j'ai parlé étoit une infusion d'amandes, la sienne sans doute, puisqu'elle contenoit de la graisse, étoit une infusion de quelqu'autre matiere. Quand on répéte une expérience, on ne doit pas s'écarter de son Auteur, & il faut prendre la chose dans son origine & dans tous les instans qui la suivent avec la derniere exactitude. M. *Spalanzani* a donc trouvé certaines particules informes qui avoient une espece de mouvement indéterminé, & qui n'étoient, comme il les appelle, qu'un amas d'animalcules prêts à éclore: je le veux bien. Mais ce n'est pas là de quoi il s'agit; ce que j'ai vû étoit clair & déterminé; c'étoient des particules de la matiere même des amandes infusées, opaques, solides & plus pesantes que l'eau, par-conséquent fort différentes de la graisse ou de l'huile, qui avoient un mouvement sourd *avant la naissance distincte d'aucuns animalcules*, comme on les nomme communément, leur mouvement

mouvement ne provenant pas d'aucune cause extérieure, & ils ne ressemblent en rien à tout ce que M. *Spalanzani* dit avoir vû; ainsi on peut dire que ce Sçavant raisonne très-bien en conséquence des phénomenes qu'il traite, mais tout ce raisonnement ne touche en rien, ni à mon système, ni à mes observations. (Voyez les Observations microscopiques.) Quant à sa remarque sur ce que j'avois dit, que les êtres organiques qu'on découvre par le microscope, provenoient, par un principe de végétation vitale, d'une espece de plante, & qu'ils rentroient de même dans cette classe pour produire une nouvelle génération plus petite que la premiere, il faut que je m'explique, & même que je me corrige en quelque façon par ce que M. *de Sauffure* de Genêve a observé sur la faculté que ces êtres, même dans l'état de pure vitalité, ont de se partager continuellement.

Il paroîtra sans doute fort étrange au Lecteur d'entendre dire que ce que l'on a toûjours pris jusqu'à nos découvertes pour des animaux réels dans le sens le plus stricte, provient des plantes, & rentre de nouveau dans cette classe d'êtres. Mais outre qu'en les nommant animaux, on les éleve au-dessus de la classe de pure vitalité pour les placer dans un genre supérieur où ils ne doivent pas être, on recule l'idée de plante jusqu'à son terme extrême, sans faire entrer en ligne de compte les zoophytes qui sont intermédiaires. Or, les zoophytes touchent d'un côté, par leurs qualités vitales, au genre des animaux, & par leurs propriétés végétales au genre des plantes, sans être précisément ni l'un, ni l'autre. Rapprochons donc les êtres physiques par tous leurs dégrés intermédiaires, & une métamorphose, comme celle dont je parle,

N

devient très-naturelle & très-intelligible ; elle sera au-contraire un monstre en Physique, si l'on saute brusquement d'un terme extrême à un autre. C'est à quoi on est porté quelquefois sans le vouloir, quand on expose un système qui n'est pas le nôtre, & qu'on veut le réfuter par un certain air de paradoxe qu'on lui donne.

La génération des êtres dont nous parlons, commence sans doute par une vraie végétation, mais on doit toûjours se souvenir que c'est une végétation vitale. Si la plus petite partie d'un polype, ou d'une étoile de mer, suffit pour nous donner l'être organique entier, je dirai, pour m'exprimer philosophiquement selon mes principes, que cette partie n'est pas l'être lui-même en miniature, mais qu'elle est le germe de l'être ou une très-petite portion dans un état de simple végétation vitale & spécifique, qui doit pousser & produire toutes les parties nécessaires pour completter le corps entier. Or, dans cet état elle peut être regardée comme un simple végétal, parce qu'elle est privée de toute espece d'organe qui peut la rapprocher du genre animal, auquel ce qui provient touche, quand il est dans son état parfait. De même les êtres vitaux microscopiques, qui proviennent d'une espece de plante microscopique, & dont j'ai été témoin oculaire sans la moindre équivoque en différentes occasions, se partagent d'eux-mêmes quelquefois en deux globules plus petits ; d'autrefois ils se forment des filamens, qui se partagent de même en parties rondes ou ovales, & ces parties s'étendent ensuite en filamens plus fins, qui se divisent de nouveau comme les premiers. Or, selon les idées de la végétation vitale que j'ai établies sur des faits constans dans mes observations

microscopiques, & qui font, ce me semble, assez clairement exprimées, cela s'appelle, selon moi, passer d'un
état de végétation à un état de vitalité parfaite, & ainsi
successivement. M. *Spalanzani* remarque très-bien que
les infusions se clarifient à mesure que les êtres vitaux
diminuent en volume & augmentent en nombre, en dé-
posant en même-tems une espece de sédiment en forme
de filamens très-fins. Il suppose ensuite que j'aurai conclu, par attachement à mon systême sans l'avoir vû en
Observateur, que ces êtres diminutifs du second ordre
provenoient par le partage de ces filamens qui végétent
& qui composent le sédiment au fond des vases. Mais
outre que je ne suis pas parvenu si brusquement à cette
conclusion avec une précipitation peu digne d'un Observateur, lui-même qui n'a pû rien voir de distinct avec
des objectifs plus foibles peut-être que les miens qui
étoient d'une force extrême, auroit pû remarquer, s'il
y avoit regardé de près, que plusieurs de ces filamens
étoient en forme de chapelets, ce qui indique toûjours
une végétation qui opere intérieurement & une division
prochaine.

Maintenant pour lui montrer pas à pas ce qu'il auroit pû tirer facilement de mon essai, s'il l'avoit étudié
attentivement, & les grands faits sur lesquels je m'appuie & mes raisonnemens, voici comment je passe par
induction des phénomenes les plus marqués & les moins
équivoques à la théorie générale que j'établis ensuite;
le Lecteur jugera par lui-même si mes preuves sont
assez solides, & suffisamment constatées pour la soutenir.

Premierement, les animalcules, comme on les appelle

communément, les animalcules, dis-je, que l'on trouve dans le sperme de tous les animaux, n'existent pas dans cette liqueur avant qu'elle soit sortie des vaisseaux spermatiques ; si on la prend avant qu'elle se décompose, & si on l'applique immédiatement au microscope, qui doit se trouver d'avance à son point de vue, on les voit se former sous les yeux par une vraie végétation vitale *. Ce phénomene est commun au sperme des femelles & à celui des mâles, comme M. *de Buffon* l'a démontré. Cette végétation commence par une distribution de la partie la plus épaisse de la semence, en forme d'arbrisseau, qui jette de tous côtés des branches, au bout desquelles les êtres vitaux ou animalcules spermatiques paroissent en formes des globules. Ces êtres, animés à leur façon, se détachent insensiblement par un mouvement continu oscillatoire, & traînent après eux, en nageant dans la liqueur, qui se clarifie insensiblement, des especes de queues, qui ne sont en effet autre chose que les extrémités des branches visqueuses auxquelles ils étoient attachés. Leur vie n'est pas d'une fort longue durée, ils avancent presque toûjours & se meuvent sans tourner ni à gauche ni à droite ; leur agitation cesse peu à peu, & finit ordinairement par une espece de mouvement circulaire, qui, rentrant en lui-même comme celui d'un tourbillon, ne cesse que quand le corps spermatique, presqu'en repos, plonge par son poids spécifiquement plus grand, dans la liqueur, & reste immobile au fond du vase.

Voilà des faits indubitables dont MM. *de Buffon* & *Daubenton*, avec moi-même, ont été témoins oculaires

* Histoire Naturelle, second volume.

à différentes reprises, & voilà des preuves non équivoques d'une végétation vitale productive des êtres vitaux, qui ressemblent si fort aux animaux, qui ont toûjours été pris pour tels, & rangés dans cette classe par les Naturalistes.

Je n'entre pas ici dans le détail nécessaire pour instruire le Lecteur sur la maniere de s'y prendre pour répéter nos observations, ni pour lui dire quelle espece de semence animale est propre à employer, ni dans quel tems, ou comment il arrive que *Leuvenhoeck* & tant d'autres, qui nous ont précédés, n'ont pas faits les mêmes découvertes; tout cela est suffisamment détaillé dans le second volume de l'Histoire naturelle du Cabinet du Roi & dans mes Observations microscopiques. Mais je demanderai maintenant à M. *Spalanzani*, qui veut absolument, avec les Adversaires de l'épigenese, trouver par-tout des germes préexistans prêts à se déposer dans les substances organiques qui se corrompent, ou qui sont cachés dans chaque partie de ces corps, comment il s'y prendra pour faire entrer d'avance, ou pour faire tomber de l'air, immédiatement au point nommé, cette espece d'être spermatique qui est précisément propre à chaque espece de semence, sans qu'aucune autre espece de germe, dans le nombre presqu'infini des êtres microscopiques, vienne s'y mêler. Que l'on me dise pourquoi, en supposant que la nature a quelque moyen inconnu de distribuer ainsi avec une régularité constante les germes de chaque espece, toute la multitude innombrable, qui se trouve dans une certaine portion de semence animale, concourt à s'assimiler la partie épaisse de cette liqueur, à la faire pousser & végéter en forme d'arbrisseau, pour en sortir ensuite eux-mêmes sous la forme de globules animés attachés aux différentes branches, comme de vrais produits de cette plante vitale, & comme les fruits, les fleurs & les grains sortent des végétaux ordinaires. Que peut-on desirer de plus clair ou de plus positif que cette expérience en faveur de la puissance végétatrice de la matiere exaltée ?

Je viens maintenant à ma seconde preuve, qui doit s'étendre aux autres êtres microscopiques, & qui démontre qu'il y a des alternatives d'action & de repos dans cette puissance : c'est ce que j'entends, quand je dis que ces êtres sortent de la classe végétale pour se rapprocher de l'animale, & qu'ils y rentrent de nouveau pour reparoître dans l'état vital sous une forme plus petite. Si l'on prend une certaine quantité de froment pilé un peu grossiérement, & qu'on le mette infuser dans de l'eau claire au tems des chaleurs de l'été, ou même en tout tems, si on a soin de lui conserver le dégré de chaleur nécessaire, on trouve, après plusieurs jours, que la masse produit des filamens vitaux en très-grande abondance, & même toute cette partie de la farine, qui est gélatineuse, n'est qu'un composé de filamens qui est tout vital. Or, en observant de près ces filamens, on voit non-seulement qu'ils sont animés d'un esprit expansif intérieur, mais on remarque qu'ils se gonflent, qu'ils s'étendent, qu'ils ont un mouvement progressif, par accès, & comme indéterminé, & qu'enfin ils se partagent continuellement en petites parties après avoir paru en forme de chapelets. Ces petites parties ainsi détachées, & plus exaltées par la force végétatrice qui les purifie continuellement & les sépare de la matiere brute, deviennent, ce qu'on appelle communément des *animalcules microscopiques*, qui se promenent librement avec rapidité par toute la liqueur, s'arrêtent de tems en tems, & se partagent ensuite en globules plus petits, dont le mouvement progressif & continuel, presque sans repos, paroît plus animé à proportion de leur petitesse. C'est encore un fait dont je suis témoin, & qui est sans équivoque, quant aux conséquences que l'on doit en tirer. Car le détail que je viens de faire ne demande aucun commentaire pour prouver que la matiere végétale ou animale en infusion se sublime par la force végétatrice & devient vitale ; qu'elle donne comme une suite naturelle de portions de plus en plus exaltées, qu'on nomme animaux microscopiques, qui conservent leur forme pendant quelque tems ; & qu'enfin ces corps, végétans de nouveau, se partagent en des corps plus petits, toûjours plus vifs & plus exaltés que les premiers.

Quelquefois un globule des plus considérables en volume, quand il doit se partager en deux, se tourne sur lui-même pendant long-tems, ou en ligne spirale, & on voit insensiblement se former comme un trait noir qui le traverse diamétralement, & quelquefois deux traits noirs qui se croisent, ce sont les endroits où le partage doit se faire, & où il se fait réellement peu de tems après. Le gros globule paroît ensuite sous la forme de deux ou de quatre petits globules : car telle est la force élastique de la puissance végétatrice qui l'anime, que les deux moitiés reprennent la figure ronde à l'instant même de la division, & elles se promenent avec plus de vîtesse qu'auparavant jusqu'à un nouveau partage de chacune d'elles. D'autrefois un globule tombera au fond du vase, en y restant comme immobile, s'étendra en ovale ou en forme d'un filament encore plus allongé, se formera en espece de chapelet, & se partagera ensuite en plusieurs globules.

Voilà ce que j'entends par des alternatives de végétation nouvelle, quand l'être change sa figure primitive ou de repos, pendant que l'être produit conserve sa nouvelle forme ; & en retenant toûjours l'idée d'une végétation vitale, qui différe par son dégré d'exaltation de la végétation ordinaire des plantes, on peut dire, non pas, comme M. *Spalanzani* s'exprime, que les animaux deviennent plantes, pour paroître de nouveau sous la forme d'animaux, mais que les êtres vitaux végétent de nouveau pour en produire, par leur partage, d'autres d'une classe inférieure en volume, quoique supérieure par leur dégré d'exaltation : cela ne veut pas dire que, dans toute espece d'infusion, chaque corps microscopique, après avoir existé quelque tems sous sa forme, devient un arbrisseau, une plante, ou un filament absolument immobile, qui se partage ensuite en êtres vitaux, comme M. *Spalanzani* l'a entendu ; il n'y a pas de regle générale sur cet article, puisque la force végétatrice varie toûjours selon la matiere qu'elle informe ; mais cela arrive, comme je l'ai observé dans certaines infusions, ou quelque chose d'équivalent, par une simple division de ces êtres, selon les observations de M. *de Saussure*.

J'ai cité ci-dessus un exemple assez remarquable de la nature de cette végétation vitale qui se rafine ainsi, & tend toûjours à se partager dans les huîtres : elle peut se rapporter ici. Leurs extrêmités filamenteuses qui sont vers le bord de la coquille, quand on les examine de près, se détachent à tout moment, & continuent de se mouvoir après d'elles-mêmes en serpentant dans l'eau avec une force progressive ; c'est ce qui fait que l'eau qui se trouve dans cette espece de coquillage est toûjours remplie d'une infinité de corps mouvans qu'on a pris jusqu'à présent pour des animaux microscopiques : c'est un fait assez connu de nos Observateurs, qui contribue beaucoup à faire comprendre ce que je cherche à démontrer au Lecteur sur ce sujet *.

La troisieme remarque qui se présente sur ce sujet, & qui m'authorise à étendre la même idée d'une force végétatrice à toutes les matieres quelconques végétales ou animales infusées, comme vraiment génératives de presque tous les êtres mouvans qu'on voit communément dans le microscope, est la dépendance de cette espece de génération, la décomposition de la matiere, sa liaison intime avec tous les changemens, soit naturels, soit accidentels qui arrivent à la substance macérée, l'impossibilité presqu'absolue que les prétendus germes lui viennent du déhors, ou soient déposés d'avance dans chaque partie, & enfin la production par la végétation positive

---

* ,, *Eædem (concharum) striæ copiosissimè instructæ erant te-*
,, *nuibus capillamentis, quibus-cùm concha maximos motus ciebat,*
,, *quasi totidem animalculis, & hisce striis immixtus conspiciebatur*
,, *tantus animalculorum numerus, ut admiratione obstupefierem : &*
,, *quamvis à conchis eximerem exiguas aliquas particulas horum*
,, *capillamentorum fibratorum, remanebant tamen eædem tanto tem-*
,, *poris spatio in suâ agitatione, ut haud potuerim diutiùs in illâ*
,, *contemplatione defixus esse, etiamsi mihi maximam afferret de-*
,, *lectationem.* Lewenhoeck, Obs. Microf. Ep. ad R. Hooke. Transact. Philosoph.

de la matiere, dont nous avons été témoins dans plusieurs cas déja cités, & qui doit s'étendre par une induction très-légitime, vû les circonstances, aux autres matieres infusées, quoique nous n'ayons pas là-dessus des preuves par la voie de l'expérience, ou des faits également constatés. M. *Spalanzani* reconnoît lui-même l'accord étonnant & parfait qui se trouve constamment dans toutes les infusions, entre la décomposition actuelle de la substance macérée & la production des corps mouvans, de façon que si on l'avance par quelque moyen particulier, on les a toûjours aussi-tôt qu'on le désire; souvent leur génération est presque instantanée si la matiere se corrompt avec vîtesse, & les différentes parties du même animal, en commençant par les plus solides, pour arriver par dégrés aux plus délicates & aux plus corruptibles par une suite d'infusions, fourniront plutôt ou plus tard ces corps mouvans dans une exacte proportion. C'est encore par ces mêmes raisons qu'il est arrivé autrefois que certains Observateurs ayant trouvé dans les pustules, & dans toutes les especes d'éruptions qui se montrent dans plusieurs maladies, quelques-uns de ces corps vitaux, ou, comme il les appelle, des animalcules microscopiques, les ont regardés comme la cause de ces mêmes maladies, au lieu qu'ils ne sont en effet que les produits naturels de la substance animale décomposée par corruption sous la forme de pus. Or, comment concevoir cette exacte conformité, si on ne regarde pas la décomposition de la substance infusée comme une cause effective, puisque nous voyons sensiblement que l'œuf d'une mouche, déposé sur la chair animale, aussi-tôt qu'on l'expose, n'attend pas sa corruption pour prendre vie, &

paroître sous la forme d'un ver parfait ? D'ailleurs l'induction que nous faisons de ce que nous avons pû découvrir par certaines expériences positives de la force végétatrice de la matiere, est très-légitime en faveur de ces substances, où la conduite de la nature est plus obscure ou entiérement cachée à nos yeux. C'est par de pareils moyens que toute thèse générale doit s'établir ; c'est ainsi même que les Défenseurs des germes préexistans raisonnent : car où est le Philosophe qui ose dire avoir vû la nature dans tous ses détails ? La Métaphysique même, où ces Messieurs, comme l'Auteur des Lettres Amériquaines, se retranchent communément & se croyent les plus forts, ne s'y oppose pas, & nous n'avons pas plus à craindre dans notre système, qu'eux dans le leur, l'absurdité de la génération équivoque. Cette puissance végétatrice, vitale, irritable, générative qui se trouve dans toute matiere animale ou végétale, s'étend, & appartient comme une propriété naturelle à toutes les formes sous lesquelles elle existe. Elle agit pendant que nous dormons, indépendamment ou de notre raison, ou de notre sentiment, comme une force entiérement distincte, & on conçoit facilement la nature de la nutrition ou de l'assimilation de nourriture dans tous les corps organiques, quand on admet une vitalité toûjours agissante dans chaque partie, qui, en décomposant par une exaltation continuelle la matiere nutritive, agit en même-tems, & se répand en déhors pour perpétuer la transpiration. On conçoit encore, selon les différentes proportions entre la force expansive & la force résistante qui composent la puissance végétatrice, tous les différens tempéramens que l'on voit ou que l'on peut imaginer ;

les passions dominantes, les appétits du corps, les idiosyncrases de chaque partie, qui constituent ces différens corps, les raisons pour lesquelles un corps organique qui s'étend trop, & au-delà de sa juste nature par un défaut dans la force résistante, devient en proportion plus foible ; pourquoi les gens d'une taille médiocre, ou même petite & quarrée, sont communément plus forts que ceux d'une taille démesurée ; pourquoi, & comment l'espece de nourriture & les différens climats influent tellement sur la forme, que les Lappons, les Esquimaux, & tous ceux qui sont à-peu-près au même dégré de latitude, n'excédent pas quatre ou cinq pieds en hauteur, pendant que les hommes plus éloignés du pôle atteignent à la hauteur d'environ six pieds. On voit aisément la raison du changement qui arrive aux animaux dans le tems qu'ils entrent en chaleur, dans leurs dispositions, & dans tous les autres effets, qui en dérivent, par cette dissolution générale dont ils se trouvent affectés, & qui rend alors leurs chairs mal-saines, quand on en fait sa nourriture.

Enfin, sans entrer dans un long détail qui ne finiroit pas si je poursuivois tout ce qui arrive aux corps organiques dans tous leurs états, soit de santé, soit de maladie, & qui s'explique heureusement par le système que nous établissons, on conçoit, sans beaucoup de difficulté, que la force végétatrice d'un être vital, tel que nous le représentons, étant excitée par l'activité des principes de la même espece, que ceux dont elle est composée, mais plus exaltés, & déterminée par leur action dans les vaisseaux qui sont les plus vitaux & les plus sensibles, se porte à façonner, par une espece de prolongation de ces parties les plus subtiles, ou concentration instantanée, sous la forme peut-être d'un feu élastique, un germe parfait & spécifique qui se nourrit ensuite, se développe, & paroît sous la même figure du pere ou de la mere; dans tout autre systême, la ressemblance entre les peres & les enfans, les maladies héréditaires, les tempéramens qui se transmettent, les monstres que nous voyons si souvent, & qui arrivent par un défaut, ou par un dérangement de cette même force mal-combinée ou mal-dirigée, ne s'expliqueront jamais; car outre que ce mélange intime des germes préexistans, que les Adversaires de l'épigenese ont imaginé, ne pourra jamais expliquer toutes les bizarreries de cette espece que nous voyons chaque jour, il y a des monstres tellement constitués, qu'il faut, de toute nécessité, ou les attribuer à une force plastique, assujettie à des loix générales, qui peut néanmoins se déranger par des obstacles accidentels, ou les mettre sur le compte de la Divinité qui les a faits ainsi dans leur origine primitive, ce qui me paroît ridicule, pour ne pas dire blasphêmatoire, & donne beaucoup plus de prise aux Matérialistes que notre systême, comme je le présente. D'un autre côté, pourquoi accuser les Défenseurs de l'épigenese de vouloir, par leurs principes, admettre la génération équivoque, puisqu'il est clair que, selon ces mêmes principes, la force plastique, aussi bien que toutes les autres propriétés de chaque corps organique, est spécifique, & tels doivent être, de toute nécessité, les effets spécifiques, comme sont leurs causes?

Quant à la génération des êtres microscopiques, quoiqu'elle ne ressemble pas à celle des autres dans les classes supérieures, puisqu'ils sont comme les derniers efforts de la force végétatrice qui s'épuise hors de toute matrice déterminée, néanmoins elle est autant spécifique dans les effets que l'on doit l'attendre des circonstances. Les mêmes infusions produisent toûjours les mêmes corps organiques, sans jamais s'écarter ou de la maniere particuliere de végéter dans chacune selon la nature de la substance macérée, ou des loix prescrites à leur force générative, qui ne sont pas moins constantes que celles qui ont été prescrites par la Divinité pour la production des êtres supérieurs. Il me semble enfin que les Naturalistes, qui ne voyent pas les choses avec une certaine précision, se trompent précisément par les mêmes routes en Physique que les Moralistes dans la Morale. *Descartes* paroît, & pour ne pas tomber dans l'inconvénient d'une espece de génération équivoque des idées, autant que pour affermir la Morale dont il n'embrasse pas encore les principes dans toute leur étendue, il imagine la fable des idées innées qu'il représente grossiérement sous la notion de traces matérielles dans nos cerveaux, existans avant notre naissance, & tout exercice des facultés de notre ame. Un autre Philosophe vient ensuite, le célébre *Lock*; il rentre au-dedans de lui-même pour examiner la chose dans son origine, & entreprend de détruire ce systême auquel tous les Cartésiens avoient attaché leur Morale. Les Sophistes libertins, qui ne cherchent que des prétextes pour couvrir leurs folies & leurs extravagances, profitent de cette occasion pour ébranler la vertu : on crie beaucoup de part & d'autre, ceux-ci veulent que tout soit arbitraire pour satisfaire leurs passions, & se donnent pour disciples de *Lock*; ceux-là veulent au contraire assurer la vertu, mais ils la posent sur des principes faux, & tous deux se trompent d'une maniere grossiere. Car qu'importe à la vraie Morale, pour sa pureté, qu'elle se trouve fixée matériellement dans la tête de chaque homme à sa naissance, comme les Cartésiens le veulent, ou que sa sûreté dépende des loix générales établies par le Créateur au-dessus de la vue bornée du commun des hommes, ou de la troupe de nos libertins, de façon que les objets extérieurs, d'où naissent nos idées, étant disposés d'une certaine maniere invariable, ils doivent frapper tout être réfléchissant, & bien constitué pendant tous les siécles, tellement que certaines maximes générales domineront par une conséquence nécessaire dans toutes nos délibérations ?

Malgré les fausses vues des Matérialistes qui corrompent la vérité, & qui donnent une tournure absurde à nos principes, qu'importe, pour assurer à la Divinité son empire sur ce monde matériel, & pour exclure les prétendus effets du hasard qui n'a jamais existé que dans les têtes imbéciles de gens abreuvés des fables du Paganisme, ou suivant les rêveries des Matérialistes, si les germes des corps organiques existent depuis le commencement de ce monde, formés immédiatement par son Créateur, ou si les loix générales par lesquelles cet univers est gouverné sont tellement fixées sous le bon & le sage plaisir de Dieu, qu'un tel effet spécifique doit nécessairement être produit par une telle cause prédéterminée ? La dispute, quant à la Morale, roule sur un simple mot, sçavoir si Dieu doit agir immédiatement pour exercer son empire souverain sur la cause ou sur son effet, avec cette différence que ceux qui peuvent étendre leur vue jusqu'aux causes mêmes générales pour fixer les principes de la nature, sont certainement plus philosophes que ceux qui font agir la Divinité pour chaque effet en particulier ; c'est ainsi que nos ancêtres employoient le ministere des Anges pour faire rouler les corps célestes. *Nec Deus interfit nisi dignus vindice nodus.* Hor.

Cette remarque est fort longue, mais pour dédommager mon Lecteur, je veux la rendre encore plus intéressante par la belle découverte communiquée par M. *Adanson*, de l'Académie Royale des Sciences, à ses illustres Confreres dans une de leurs séances, & donnée au public dans l'Avant-Coureur, N°. 14, lundi 6 Avril 1767 : non-seulement elle entre très-bien dans mon système avec lequel elle est parfaitement d'accord, mais elle sert en même-tems à donner au Lecteur une idée claire de ce que j'entends par vitalité distinguée entiérement de tout pouvoir sensitif ou intellectuel, quoiqu'accompagné d'un mouvement local, qui, dans le sens que M. *Adanson* donne au mot, peut se nommer *spontanée*; l'être qu'il décrit est une espece de zoophyte qui, sans sortir du regne végétal, se présente comme le chaînon le plus propre pour lier les deux regnes ensemble. Il jette de plus une lumiere si vive sur tous les autres zoophytes d'une classe supérieure dont je viens de traiter, qu'on comprend aisément, par sa nature, celle de la vitalité organisée, avec toutes les variétés dont elle est susceptible ; car on conçoit, par une gradation très-aisée & très-naturelle, qu'elle renferme dans elle, non-seulement le principe d'un mouvement local, mais qu'elle peut être tellement ordonnée & variée par la sagesse du Créateur, qu'elle imitera presque tout ce que nous voyons dans les vrais animaux, sans sortir de ses bornes & sans

être

être fenfitive, ou même elle retiendra fi bien certaines autres propriétés du végétal, qu'elle peut être partagée continuellement fans que fa vie s'éteigne, & même fans qu'elle foit endommagée en aucune façon : au contraire cette divifion, bien loin de nuire à fon exiftence, fert à multiplier & à préparer les efpeces, comme dans le regne végétal, dont elle conferve certaines qualités, & caractérife en même-tems le genre fi clairement, qu'on ne peut fans abfurdité, malgré les apparences, le confondre avec le regne animal, dont les individus font, par la nature du principe qui les anime, effentiellement indivifibles. Voici comment M. *Adanfon* rend compte de cet objet fi intéreffant pour les Naturaliftes, & fi digne de leurs recherches.

» En obfervant en 1759, à un microfcope des plus
» forts, les filets qui compofent le *Tremella* pour en dé-
» terminer l'organifation, M. *Adanfon* a eu lieu d'y
» découvrir un mouvement total, qu'il fe contenta
» d'indiquer alors dans les familles des plantes qu'il fit
» imprimer la même année. Cette efpece de *Tremella*
» eft celle que *Dillen* appelle *Conferva gelatinofa omnium*
» *tenerrima & minima aquarum limo innafcens*, *Dillen.*
» Hift. Mufc. page 15, & dont il ne donne pas de figure.
» Elle fe trouve communément au printems & en au-
» tomne dans les ornieres & les foffés couverts de quel-
» ques pouces d'eau, & reffemble à une glaire verte,
» compofée de filets croifés & rapprochés comme les poils
» d'un feutre.

» Chacun de ces filets forme une petite plante qui vit
» & fe propage indépendamment de fes femblables. Cha-
» cun a un mouvement total qui, à la vérité, n'eft

O

» qu'oscillatoire, mais qui se fait en tout sens, indé-
» pendamment du chaud ou du froid, ou de tout autre
» cause externe, & qui continue tant que la plante sub-
» siste.

» Ce mouvement, comme l'on voit, étant total &
» intrinséque, est par conséquent comme spontané, &
» plus analogue au mouvement des animaux que celui
» de la sensitive qui exige un attouchement ou au moins
» un changement de température dans l'air, pour être
» excité : d'ailleurs la structure, la substance même &
» la propagation des filets du Tremella sont, sans com-
» paraison, plus semblables à l'organisation animale ;
» ensorte que s'il y a quelque plante connue qui puisse
» faire cette liaison que les Naturalistes cherchent depuis
» si long-tems, entre le regne végétal & le regne ani-
» mal, c'est sans contredit le Tremella, au moins cette
» plante se rapproche-t-elle du polype ou des animaux
» qui lui sont analogues, de plus de dix mille dégrés
» ou especes de plantes qui se trouvent naturellement
» placées entre la sensitive & l'animal le plus impar-
» fait.

» Le Tremella venant à disparoître tous les ans deux
» fois, en hiver par les gelées, en été par les grandes
» chaleurs, & reparoissant cependant tous les ans deux
» fois, sçavoir ; au printems & en automne, il se pré-
» sente naturellement la question suivante, sçavoir ; *si
» la réproduction de cette végétation est due à une nouvelle
» création spontanée dont la puissance tiendroit à l'humi-
» dité de la terre, ou bien si elle ne provient que de ce
» que, malgré les intempéries de l'air, il se conserve quel-
» que part des parties comme insensibles de ces filets qui*

» suffisent pour la multiplier de nouveau, ce qui rentreroit
» dans l'ordre naturel des plantes parfaites qui se mul-
» tiplient la plûpart au moyen de leurs graines.

» Pour s'assurer de ce dernier point, M. *Adanson* a
» conservé dans des cornets de papier, non-seulement
» des lambeaux de *Tremella*, mais encore des filets du
» *Conferva* de Pline, & de quelques autres végétations
» analogues de la famille des Bissus, dans le dessein de
» les semer dans les saisons & les lieux les plus conve-
» nables, afin de sçavoir si elles avoient la vertu répro-
» ductive à la façon des graines, & si cette vertu se
» conservoit après plusieurs années d'exsiccation de ces
» plantes ; enfin, à quel nombre d'années s'arrêtoit cette
» faculté réproductive. Mais les circonstances ne se sont
» pas montrées assez favorables pour suivre cet objet,
» qui, bien éclairci, peut donner la solution d'un pro-
» blême de l'Histoire Naturelle qui n'a point encore été
» appuyé de preuves solides, qui doit lever bien des
» doutes qui nous restent sur les facultés des plantes,
» & qui mérite par-là le soin des Naturalistes les plus
» consommés dans ces expériences délicates «.

REMARQUES

Sur les huitieme, neuvieme & dixieme Chapitres.

M. *Spalanzani* commence par me reprocher en quelque façon, malgré l'envie que j'avois de ne donner au public qu'un essai très-court sur ce sujet, de n'avoir pas multiplié suffisamment, à son gré, les expériences sur les substances exposées à l'action du feu. Mais si je parois avoir manqué à cet égard, je crois être bien plus en droit de lui reprocher d'avoir donné dans l'excès contraire à force de vouloir remédier à ce prétendu inconvénient.

En effet à quoi bon, sous prétexte d'exterminer certains germes qu'il croit s'attacher aux parois intérieurs d'un vase scellé hermétiquement, ou dans la substance même de la matiere renfermée, vouloir trop gêner une expérience, & la mettre à la torture, pour la forcer à déposer faux contre le témoignage positif de la nature, qui réclamera toûjours en faveur de l'épigenese ? Un seul quart d'heure, quelques minutes de cuisson dans de l'eau bouillante, doivent suffire assurément, pour détruire tous les germes prétendus qui peuvent se trouver dans l'intérieur d'un vase fermé hermétiquement, sans pousser cette cuisson, comme il l'a fait, jusqu'à une heure, ou même une heure & demie d'une ébullition très-forte.

Selon ses propres expériences, il paroît évidemment que tous les êtres microscopiques, en général, qui naissent dans nos infusions, périssent dans un fluide qui passe tant soit peu le dégré d'une chaleur modérée ; que les germes des vers à soie sont détruits par l'eau bouillante en très-peu de tems, & presqu'en les plongeant simplement ou les y laissant un instant ; que l'ardeur même du soleil suffit pour dessécher, & détruire les œufs de tous les insectes généralement, & qu'enfin les germes mêmes les plus durs des végétaux deviennent inféconds, par la chaleur excessive du feu, dans quelques minutes ou de cuisson, ou de torréfaction. Voilà précisément comme il propose la cause lui-même, en la plaidant en ma faveur contre les insultes de l'Auteur des Lettres Amériquaines, qui a cru sans doute, dans le tems, faire sa cour au public, en attaquant M. *de Buffon* & moi : mais il l'a fait avec une indécence & une arrogance si extraordinaire, & avec si peu de connoissances, que nous avons alors résolus ensemble de ne lui jamais répondre. M. *de Voltaire* nous a de même accusé d'Athéisme dans ses Lettres sur les Miracles, imprimées à Geneve, & dont on a fait une nouvelle édition en 1766. Comme cet Auteur n'omet rien pour égaier le public à mes dépens par des plaisanteries ingénieuses, j'aime mieux penser que je n'ai point encore assez bien développé mes principes pour les rendre intelligibles, que de me croire en droit de répondre à ces deux Ecrivains avec le célébre *Montesquiou*, dans ses Lettres familieres. MM. *de Voltaire* & *de Lignac* ne nous entendent pas ou ne veulent pas nous entendre ; tout ce qu'ils lisent chez nous, ils l'expliquent à leur façon, & ils le critiquent ensuite selon leurs idées.

Après avoir si bien établi mon sentiment, croiroit-on que M. *Spalanzani*, par trop d'ardeur à poursuivre la vérité, a donné dans l'autre extrême ? Je connois personnellement son mérite à tous égards, & sa bonne foi, & je sçais en même-tems que le grand désir qu'il avoit d'assurer ses expériences, en ôtant l'ombre même de la moindre équivoque, l'a précipité dans l'excès dont je me plains. Voici les conséquences très-naturelles & très-légitimes que je dois tirer de ses expériences : de vingt-cinq infusions faites en même-tems, une seule, qui étoit celle de veau, a produit des corps mouvans ; mais, en général, notre Auteur a trouvé dans un très-grand nombre, que ces infusions, passées ainsi par le feu, tantôt donnoient des êtres microfcopiques, tantôt n'en donnoient point. Or, le Lecteur doit remarquer que toutes les matieres, tant animales, que végétales de ces différentes infufions, avant d'être plongées dans leurs vafes refpectifs, avoient été cuites au point qu'une longue ébullition avoit entierement défuni leur fubftance, & les avoit réduites comme en pâte. De tout ces procédés, je conclus premierement que la cuiffon a été pouffée beaucoup au-delà de ce qui étoit néceffaire pour détruire les prétendus germes des animaux qui tombent, dit-on, de l'air ou fe cachent dans la fubftance infufée, fi l'on n'envifage fimplement dans l'expérience que cette deftruction; fecondement, que toute cuiffon, qui excéde celle qui eft néceffaire pour cet effet, ne peut fervir qu'à nuire aux expériences & à déguifer la vérité, fi on veut tenir la balance égale entre les Défenfeurs des germes préexiftens & leurs Adverfaires.

En effet nous voyons que tantôt ces matieres cuites ont été prolifiques, tantôt infécondes, conféquemment fans doute, comme il me paroît très-certain, à la réfiftance de quelques-unes qui ont, en partie, confervé leur forme primitive avec leurs forces végétatrices & vitales, malgré cette cuiffon violente d'une heure à une heure & demie, ou la foibleffe des autres, dont la fubftance a péri avec fes qualités naturelles, ou a été changée totalement. Dans tout autre fyftême que celui que je propofe, il eft impoffible que M. *Spalanʒani* me donne une raifon valable de cette variation dont il a été étonné lui-même, comme il en convient & comme il devoit l'être, s'il n'a d'autre reffource pour expliquer les phénomenes que celle de prétendus germes attachés aux parois intérieurs d'un vafe fcellé hermétiquement, ou flottans dans le peu d'air qui refte dans la partie vuide. Troifiemement, cette variation, loin de nuire à mes principes, ne peut fervir qu'à les confirmer, non-feulement par la raifon que je viens de donner, mais parce qu'un feul argument pofitif, tiré de la préfence de ces êtres, quelquefois malgré toutes les tortures qu'il a données aux expériences, vaut dix mille argumens négatifs, comme tout le monde en conviendra.

La même façon de raifonner doit s'appliquer aux obfervations qui fuivent dans les deux autres Chapitres, par lefquels il remarque que de vingt infufions végétales, traitées comme les premieres, dans le mois de Septembre, deux feulement ont donné figne de vie, pendant qu'au printems fuivant de fept efpeces de légumes cuits pendant une heure & demie, foit ouverts, foit enfermés dans un vafe bien clos ou fcellé hermétiquement, tous, excepté un feul, fourmilloient d'êtres vivans. Je dis des vafes ouverts, ou bien bouchés, ou fcellés hermétiquement, parce que j'ai droit de regarder toutes ces conditions comme indifférentes, fans diftinguer en détail fes expériences, où il a porté plus loin les précautions contre toute communication avec l'air extérieur, de celles où il a été moins attentif. Car jufqu'à fa derniere expérience, que j'examinerai avant de finir mes remarques, foit qu'il ait laiffé fes vafes ouverts, ou fimplement bouchés avec un bouchon de bois qui s'ajuftoit néanmoins exactement, foit enfin qu'ils aient été fcellés hermétiquement, il a conftamment trouvé des êtres vivans dans nombre de fes infufions, à certaines petites circonftances près qui font indifférentes à mon fyftême, & qui regardent le plus ou le moins de capacité des vases.

Une chose même encore fort remarquable qui se trouve parmi ses observations, est que les infusions cuites ont souvent produit des êtres vivans avant, & deux jours plutôt, que la même espece de matiere avoit pû les donner infusée simplement à froid ; ce qui revient exactement à ce que nous avons fait observer au Lecteur ci-dessus, que la production plus ou moins lente de ces êtres dépend entierement de la décomposition plus ou moins prompte de la matiere infusée, pourvu que la matiere ne soit pas tellement décomposée par le feu qu'elle perde sa forme substantielle.

Il ne me reste plus maintenant qu'à parler de la derniere expérience de M. *Spalanzani*, & qu'il regarde lui-même comme la seule, dans tout son cours, qui paroît avoir quelque force contre mes principes ; mais après l'avoir réduit aux justes termes dont il ne pourra pas disconvenir, à raison de son esprit de justice, de sa bonne foi & de son amour pour la vérité, je ne ferai pas grande dépense en paroles pour faire évanouir tout ce qui paroît s'opposer à mes principes dans le résultat de ses essais. Il a scellé hermétiquement dix-neuf vases remplis de différentes substances végétales, & il les a fait bouillir ainsi fermées pendant l'espace d'une heure. Voilà le fait, & voici un autre fait qu'on ne doit pas oublier & que je tiens également de lui-même : dans des vases ainsi scellés, la présence d'une certaine quantité d'air pur, proportionnée à la quantité du fluide contenu & de la substance macérée, est absolument nécessaire pour la génération de ces êtres vitaux dans le systéme également des germipares, comme dans celui de l'épigenese : or, de la façon qu'il a traité, & mis à la torture ses dix-neuf infusions végétales sans aucune nécessité, s'il n'a cherché simplement qu'à détruire les germes prétendus qu'il suppose pouvoir exister sur les parois intérieurs de ses vases, il s'ensuit visiblement que non-seulement il a beaucoup affoibli, ou peut-être totalement anéanti la force végétatrice des substances infusées, à raison de leurs tempéramens plus ou moins forts, mais aussi qu'il a entierement corrompu, par les exhalaisons & par l'ardeur du feu, la petite portion d'air qui restoit dans la partie vuide de ses phioles ; il n'est pas étonnant par-conséquent que ses infusions, ainsi traitées, n'aient donné aucun signe de vie ; & il en devoit être ainsi, comme il le soupçonne lui-même, en me suggérant la vraie réponse qu'il semble attendre de ma part à son objection. Voici donc ma derniere proposition, & le résultat de tout mon travail en peu de mots. Qu'il se serve, en renouvellant ses expériences, de substances suffisamment cuites pour détruire tous les prétendus germes qu'on croit attachés ou aux substances mêmes, ou aux parois intérieurs ou flottans dans l'air du verre ; qu'il scelle ses vases hermétiquement, en y laissant une certaine portion d'air sans le bouleverser ; * qu'il les plonge ensuite avec leurs

---

* Pour ne se jamais tromper, le seul moyen de faire l'expérience en question est d'avoir un vase d'une certaine capacité, dans lequel on n'aura mis qu'une petite quantité de substance végétale légèrement cuite, infusée dans un peu d'eau seulement : de cette façon on peut plonger le vase dans de l'eau bouillante assez long-tems pour détruire les germes qu'on suppose y être, sans corrompre l'air intérieur qui est absolument nécessaire à la production de tout être vivant.

vases dans de l'eau bouillante pendant quelques minutes, le tems seulement qu'il faut pour durcir un œuf de poule, & pour faire périr les germes des papillons à soie ou des autres insectes ; en un mot qu'il prenne toutes les précautions qu'il voudra, pourvu qu'il ne cherche qu'à détruire les prétendus germes étrangers qui viennent du déhors, & je réponds qu'il trouvera toûjours de ces êtres vitaux microscopiques en quantité suffisante pour prouver nos principes : s'il ne trouve à l'ouverture de ses vases, après les avoir laissé reposer le tems nécessaire à la génération de ces corps, rien de vital, ni aucun signe de vie en se conformant à ces conditions, j'abandonne mon système, & je renonce à mes idées. C'est, je crois, tout ce qu'un Adversaire judicieux peut raisonnablement exiger de moi.

Après des expériences si décisives de part & d'autre, si elles réussissent suivant mon opinion sur cette matiere, il ne restera aucune ressource à nos Adversaires pour soutenir leur hypothése, que de supposer que des êtres, continuellement divisibles, comme ceux-ci paroissent l'être, peuvent parvenir a la fin à un tel dégré de ténuité, qu'ils n'excéderont pas le volume d'un globule de lumiere. Sous cette forme, on conçoit facilement qu'ils pénétreront la masse même du verre ; & qu'ainsi parvenus à la substance infusée, ils se reproduiront de nouveau, quoique ces vases aient été scellés hermétiquement. Je n'ai rien à dire contre une pareille supposition, sinon qu'il sera fort difficile de la rendre probable, & que tout le procédé de la régénération de ces êtres, sous la forme végétale, telle que nous l'avons observée dans la semence animale ou dans d'autres substances qui se décomposent, ne paroît jamais pouvoir se concilier avec une supposition pareille, comme nous l'avons remarqué ci-devant dans le corps de cet Ouvrage.

Les seuls faits physiques qui paroissent déposer, sinon en faveur des germes préexistans depuis le commencement du monde, du moins pour le développement des parties contenues dans d'autres parties, sont tous ceux qui ont été observés par le célèbre M. *Haller*, & cités par M. *Bonnet* de Geneve que j'ai l'honneur de connoître personnellement, & dont je respecte le sçavoir, la droiture, & l'honneteté au-delà de toute expression. Il est bon d'en faire part au Lecteur. Les voici : certaines parties, ou membranes des œufs avant qu'ils éclosent sous la poule, deviennent des membranes & des parties substantielles du germe ou du poulet qui se développe. Quelques autres parties paroissent, avec le tems, pour la premiere fois sous des dimensions si considérables qu'à-moins d'avoir été invisibles auparavant par leur transparence naturelle, elles auroient paru bien plutôt aux yeux armés d'un microscope ; d'où ces célébres & sçavans Naturalistes concluent que le germe peut avoir vraiment préexisté depuis la création, & que la génération, dans la suite du tems, n'en est que le développement, quoique les parties paroissent à l'Observateur vraiment sortir l'une de l'autre par une nouvelle production, & que le développement positif ne soit pas toûjours visible. Mais outre que le développement des parties visibles ne fait rien en faveur des germes préexistans, puisque les Défenseurs de l'épigenese peuvent & doivent l'admettre après la premiere formation du germe qui est probablement comme instantanée au moment de la conception, on s'apperçoit aifément que la force plaftique, felon des loix établies, peut opérer à part fur différentes parties du corps qui fe réuniffent après par leurs anaftomofes; & quant à une partie fubitement vifible fous un volume confidérable, on peut la repréfenter comme une toile d'araignée qui eft fabriquée d'un nombre de fils invifibles. Elle ne fe montrera jamais qu'en tiffu, & quand les différens fils feront unis enfemble pour former une feule texture vifible; or cette idée eft maintenant conforme à la nature de la végétation & d'une membrane organique.

Je finirai ces remarques par quelques extraits concernant le fujet de l'épigenefe, tirés du célébre *Bacon*, non pas comme me fervant de fon autorité, qui, fans des faits phyfiques pour la foutenir, n'eft d'aucune valeur, non plus que celle de la Philofophie de vingt fiécles, depuis les premiers Philofophes Grecs jufqu'aux Philofophes du dernier, mais uniquement pour éclaircir la matiere qu'il femble avoir mieux envifagée que tout autre Philofophe, en s'éloignant toûjours du matérialifme. Il sçavoit non-feulement refpecter la religion, comme une chaîne de vérités céleftes, munie des preuves qui lui font propres, mais comme un fyftême fi bien lié avec la vraie phyfique, que les prétendues contradictions ne font que les rêves des Sophiftes qui s'amufent des ombres, & s'endorment dans leur ignorance. Le Dieu qui fe révéle aux yeux de la foi dans les faintes Ecritures, eft le même que celui qui fe révéle aux yeux de la Philofophie dans le grand Livre de l'Univers. » Naturalem » enim Philofophiam, *dit ce grand homme*, poft verbum » Dei, certiffimam fuperftitionis medicinam, eandem pro-

» batiffimum fidei alimentum effe, itaque meritò religioni
» tanquam fidiffimam ancillam attribui : cum altera vo-
» luntatem Dei, altera poteftatem manifeftet. Neque
» erraffe eum qui dixit : *erratis nefcientes fcripturas &*
» *poteftatem Dei*, informationem de voluntate, & me-
» ditationem de poteftate nexu individuo copulantem «.
Bacon, *de Interpretatione naturæ*, *ed. in Folio, Londini*
1740, *pag.* 269.

» Canon. II. Ineft omni tangibili fpiritus corpore craf-
» fiore obtectus & obfeffus; atque ex eo originem habent
» confumptio & diffolutio.........

» Canon. III. Spiritus emiffus deficcat; detentus & mo-
» liens intus aut colliquat, aut putrefacit, aut vivificat.

» Explicatio. Quatuor funt proceffus fpiritûs, ad are-
» factionem, ad colliquationem, ad putrefactionem, ad
» generationem corporum. Arefactio non eft opus pro-
» prium fpiritûs, fed partium craffiorum poft emiffum
» fpiritum : tunc enim illæ fe contrahunt per unionem
» homogeneorum, ut liquet in omnibus, quæ arefiunt
» per ætatem, & in ficcioribus corporibus, quæ defic-
» cantur per ignem, ut lateribus, corporibus, panibus.
» Colliquatio eft merum opus fpirituum, neque fit nifi
» calore excitentur; tunc enim fpiritus fe dilatantes, ne-
» que tamen exeuntes fe infinuant, & perfundunt inter
» partes craffiores, eafque ipfas reddunt molles & fufiles,
» ut in metallis & cerâ : etenim metalla, & alia tena-
» cia apta funt ad cohibendum fpiritum, ne excitatus
» evolet. Putrefactio eft opus mixtum fpiritûs, & partium
» craffiorum : etenim fpiritu, qui partes rei continebat
» & tenebat, partim emiffo, partim languefcente, om-
» nia folvuntur, & redeunt in heterogeneas fuas, five,

» si placet, elementa sua ; quod spiritûs inerat rei con-
» gregatur ad se, unde putrefacta incipiunt esse gravis
» odoris ; oleosa ad se, unde putrefacta habent non nihil
» lævoris & unctuositatis ; aquea itidem ad se ; fæces ad
» se ; unde fit confusio illa in putrefactis. *At generatio*
» *sive vivificatio est opus itidem mixtum spiritûs & par-*
» *tium crassiorum ; sed longè alio modo, spiritus enim*
» *totaliter detinetur, sed tumet & movetur localiter ; par-*
» *tes autem crassiores non solvuntur, sed sequuntur motum*
» *spiritûs atque ab eo quasi difflantur, & extruduntur in*
» *varias figuras ; unde fit illa generatio & organisatio :*
» *itaque semper fit vivificatio in materiâ tenaci & lentâ ;*
» *atque etiam sequaci & molli ; ut simul & spiritûs fiat*
» *detentio, atque etiam cessio levis partium, prout eas*
» *effingit spiritus ; atque hoc cernitur in materiâ omnium*
» *tam vegetabilium, quam animalium, sive generentur ex*
» *putrefactione, sive ex spermate : in his enim omnibus*
» *manifestissimè cernitur esse materia difficilis ad adrum-*
» *pendum, facilis ad cedendum* «.

Rien ne peut être plus exact, ni s'accorder mieux avec mille observations que j'ai faites sur la force végétatrice des substances organisées, que cette description de *Bacon*, qui, ne connoissant alors aucune hypothése établie pour couper court sur les phénomenes difficiles, ne fait que suivre la nature pas à pas, & la peint fidélement en conséquence des faits qu'il observe.

» Canon. IV. In omnibus animatis, duo sunt genera
» spirituum ; spiritus mortuales, quales insunt inanima-
» tis, & superadditus spiritus vitalis.

» Explicatio.......... Itaque nosse debemus inesse
» humanis carnibus, ossibus, membranis, organis, de-

» nique partibus fingulis, dum vivunt, in fubftantiâ
» earum perfufos tales fpiritus, quales infunt in hujus-
» modi rebus, carne, offe, membranâ, & cæteris fepa-
» ratis & mortuis ; quales etiam manent in cadavere : at
» fpiritus vitalis, tametfi eos regat, & quemdam habeat
» cum illis confenfum, longè alius eft ab ipfis, inte-
» gralis, & per fe conftans. Sunt autem duo difcrimina
» præcipua inter fpiritus mortuales, & fpiritus vitales ;
» alterum quod fpiritus mortuales minimè fibi continuen-
» tur, fed fint tanquam abfciffi & circumdati corpore
» craffiore, quod eos intercipit ; quemadmodùm aer per-
» mixtus eft in nive aut fpumâ. At fpiritus vitalis omnis
» fibi continuatur, per quofdam canales, per quos per-
» meat, nec totaliter intercipitur. Atque hic fpiritus
» etiam duplex eft ; alter ramofus tantum permeans per
» parvos ductus, & tanquàm lineas : alter habet etiam
» cellam, ut non tantùm fibi continuetur, fed etiam
» congregetur in fpatio aliquo cavo, in benè magnâ quan-
» titate, pro analogiâ corporis ; atque in illâ cellâ eft
» fons rivulorum, qui indè diducuntur. Ea cella præci-
» puè eft in ventriculis cerebri, qui in animalibus magis
» ignobilibus angufti funt. Adeò ut videantur fpiritus
» per univerfum corpus fufi potiùs quam cellulati : ut
» cernere eft in ferpentibus, anguillis, mufcis, quorum
» fingulæ portiones abfciffæ moventur diù : etiam aves
» diutiùs, capitibus avulfis fubfultant ; quoniam parva
» habeant capita, & parvas cellas : at animalia nobi-
» liora ventriculos eos habent ampliores, & maximè
» omnium homo. Alterum difcrimen inter fpiritus eft,
» quod fpiritus vitalis non nullam habeat incenfionem,
» atque fit tanquam aura compofita ex flammâ & aere ;

» quemadmodùm succi animalium habent & oleum, &
» aquam. At illa incensio peculiares præbet motus &
» facultates ; etenim & fumus inflammabilis, etiam ante
» conceptam flammam, calidus est, tenuis, mobilis ; &
» tamen alia res est, postquam facta sit flamma ; at
» incensio spirituum vitalium multis partibus lenior est,
» quam mollissima flamma ex spiritu vini, aut aliàs;
» atque insuper mixta est ex magnâ parte cum substan-
» tiâ aereâ, ut sit & flammeæ, & aereæ naturæ myste-
» rium «.

Après cette description de la vitalité matérielle, qui est assez palpable, & qui revient entierement aux principes que j'ai puisés dans toutes mes expériences, on ne se plaindra pas sans doute que nous repaissions le public de mots, ou de pures notions métaphysiques, quand nous employons ce que nous appellons force végétatrice, pour expliquer les phénomenes microscopiques.

» Canon. V. Actiones naturales sunt propriæ partium
» singularum, sed spiritus vitalis eas excitat, & acuit......

» Canon. VII. Spiritûs quasi desideria duo sunt; unum
» se multiplicandi, alterum exeundi, & se congregandi
» cum suis connaturalibus........

» Canon. VIII. Spiritus detentus, si alium spiritum
» gignendi copiam non habeat, etiam crassiora intenerat.
» — *Bacon*, Historia vitæ & mortis, edit. Lond. in-fol.
» 1740, pag. 181, 182, 183, &c. vol. II.

» .... Fabrica autem partium, organum spiritûs
» est, quemadmodum & ille *animæ rationalis, quæ in-*
» *corporea est & divina.* — Ibid. pag. 188 «.

Après une déclaration si positive, on ne s'avisera pas de faire passer *Bacon*, malgré ces notions physiques sur
» la

la nature de la vitalité, pour un Matérialiste, comme on a affecté de faire passer le célébre *Lock* pour un Déiste, parce qu'il soutenoit mal-à-propos, & sans raison, une prétendue possibilité, quoiqu'il ait été toute sa vie en opposition sur cet article avec son ami *Collins*, & qu'il ait éctit un essai exprès en faveur de la religion révélée ? On peut juger des sentimens de *Bacon* en fait de religion, par les paroles suivantes. « The best temper of minds, » dit le même célébre Philosophe, desireth good name, » and true honour; the lighter popularity and applause: » the more depraved subjection and tyranny; as is seen » in great conquerors, and troublers of the world, and » yet more in *arch-hereticks* : for the introducing of » new doctrines is likewise an affectation of Tyranny » over the understandings, and beliefs of men ». *Bacon,* Nat. Hist. vol. III, pag. 209.

« Canon. XXXII. Flamma substantia momentanea est; » aer fixa; spiritûs vivi in animalibus media est ratio.

« Explicatio......... Spiritus utriusque naturæ est & » flammeæ, & aereæ...... Spiritus habet ex aere faciles » suas & delicatas impressiones & receptiones, à flammâ » autem nobiles suos & potentes motus, & activita- » tes...... Reparatur autem spiritus ex sanguine vivido, » & florido arteriarum exilium, quæ insinuantur in cere- » brum ». — *Bacon.* Ibid. pag. 188.

Cette derniere remarque de *Bacon* me rappelle une expérience très-intéressante dont j'aurois dû faire mention dans le corps de cet Ouvrage, mais elle ne m'est pas revenue alors dans l'esprit. Elle consiste à prendre du sang frais, nouvellement sorti du corps de l'animal, & à agiter beaucoup, & pendant un assez long-tems avec un faifceau de petites branches. Outre l'efprit vital que le fang contient, felon *Bacon*, il a une certaine portion de parties folides, & le réfultat de ce procédé eft de les unir, & d'en former un corps. En effet il en fort une maffe affez confidérable, toute gélatineufe, molle, tenace & très-élaftique, qui indique affez que cette liqueur eft chargée en même-tems de tout ce qu'il faut à la nature pour réparer un corps organique, tant en fluides, qu'en folides. Cette maffe, mife en infufion, donne prefqu'auffi-tôt des êtres vitaux microfcopiques en grande quantité.

» If the fpirits be not merely detained, but protrude
» a littl, and that motion be confufed, and inordinate,
» there followeth putrefaction which ever diffolveth the
» confiftence of the body into much inequality......
» But if that motion be in a certain order, there follo-
» weth vivification, and figuration, as both in living
» creatures bred of putrefaction, and living creatures
» perfect «.

Il y a plufieurs autres endroits, dans *Bacon*, où il entre encore dans un plus grand détail fur la nature de la vitalité & de la force plaftique de la matiere, mais ce que j'ai cité fuffit pour faire connoître les idées faines & naturelles qu'il avoit fur ce fujet, & qui s'accordent parfaitement avec mes obfervations.

La feule objection qui fembleroit avoir quelque force contre l'épigenefe, ou les forces plaftiques régénératrices, de la façon que M. *de Buffon* s'exprime fur ce fujet dans le fecond volume de fon Hiftoire Naturelle, eft celle que j'ai trouvée autrefois dans un effai fur la Génération, par un Médecin Anglois. Je crois même, fi je ne me trompe, que M. *Haller* la répéte encore dans sa Préface de l'édition allemande de la même Histoire Naturelle. Elle consiste à conclure que s'il y a des *moules intérieurs* & des *molécules organiques* spécifiques, & propres à chaque partie d'un corps organisé pour la formation de cette même partie dans le fétus, un pere aveugle, un borgne, ou un manchot ne pourront jamais produire des enfans complets dans tous leurs membres, sur-tout si la mere, de son côté, participe aux mêmes défauts physiques. Or l'expérience, disent-ils, démontre le contraire. L'objection seroit vraiment spécieuse, si les termes, dont M. *de Buffon* se sert pour peindre d'une maniere sensible les forces plastiques aux yeux de certains Lecteurs peu éclairés en Métaphysique, devoient se prendre à la lettre. Mais le mot de l'énigme se dévine aisément, si l'on fait attention que le terme de *moule intérieur* ne doit pas être pris matériellement, comme l'imaginent ces Critiques ; car alors l'idée en seroit absurde & contradictoire, en même-tems que celle de *molécule organique*, si la vue sous laquelle on considére le systême se borne à cette idée sans l'étendre plus loin, ne représenteroit qu'imparfaitement, & sous un faux jour, les opérations de la nature. En effet ce n'est point entendre M. *de Buffon*, que d'imaginer qu'il n'a d'autre idée des forces plastiques dans la génération des corps organisés, que celle qui résulte du concours physique par l'apposition superficielle des particules salines, par exemple, dans les crystallisations ordinaires, ou des grains de sable dans la formation des pierres ; telle enfin que nous donne le mot de *molécule organique* pris matériellement. C'est une image, si vous voulez, dont il se sert pour aider l'imagination de ceux à qui il faut des représentations sensibles, mais une image si imparfaite, que l'on voit assez par toute la teneur du second volume de l'Histoire Naturelle, que ce célébre Auteur, loin d'astreindre son Lecteur, le mene insensiblement par des tableaux purement physiques à des idées plus exactes, plus étendues & plus métaphysiques.

Un seul exemple répandra un grand jour là-dessus, & mettra le Lecteur en état de prononcer. On sçait que les écrevisses qui ont la faculté reproductrice, comme les polypes, les étoiles de mer, & beaucoup d'autres corps organisés, réparent la perte qu'elles font quelquefois de leurs pattes. Maintenant que l'on suppose pour un moment ce que nous avons assez clairement exposé par un grand nombre de faits, qu'il y a une force végétatrice dans le corps de cet animal par laquelle il subsiste, & qui pousse toûjours au déhors, en déterminant la nourriture assimilée en plus grande abondance vers cette partie où la réparation doit commencer. On conçoit aisément que cette force est déterminée en elle-même par la nature spécifique du corps déja organisé, & comme elle répare constamment toutes les parties insensibles qui échappent par la transpiration, il y a de ces parties insensibles qui ont chacune leur figure déterminée selon la patte qui doit se reproduire, ou tout autre membre qui peut manquer à ce genre de corps organisés. Sa quantité donc, sa qualité, son tempérament particulier, tout est spécifique, & la moindre partie est également comme le total, idiosyncratique ; de façon que les couloirs & les extrêmités organiques où la végétation commence, servent, pour ainsi dire, en qualité de *moule intérieur*, quand on considere la force plastique métaphysiquement, pour déterminer la figure de celles qui doivent les suivre immédiatement ; celles-ci servent de même aux autres qui viennent après, & ainsi du reste.

Or reprenons à présent l'idée générale qui doit résulter de ces idées particulieres, & nous concevrons sans difficulté qu'une force végétatrice, exactement distribuée, intérieure & déterminée en elle-même spécifiquement, doit donner par ces moyens, quand elle pousse au déhors, une figure toûjours déterminée, comme une force projectile quelconque déterminée, & combinée avec la gravitation, décrit nécessairement une certaine portion parabolique d'une forme déterminée, & s'arrête à un point mathématiquement fixé, ou comme un feu d'artifice dont les forces sont combinées avant que l'on applique le feu, se répand au déhors, & produit une figure déterminée d'avance par la volonté de l'Artificier. Or cette même figure, dans l'exemple dont nous nous servons, est la patte de l'écrevisse, qui est formée selon des loix tellement établies par la Divinité, & propagées depuis la création de corps en corps, que les premiers individus de chaque espece une fois donnés par la volonté toute puissante de Dieu, tous les produits doivent nécessairement être spécifiques & similaires sans aucune équivoque, si nul obstacle accidentel ne se présente pour détourner le cours de la nature, comme il arrive quelquefois dans les monstres.

Je ne puis rien ajouter de plus efficace pour faciliter l'intelligence de mon systême, à cette vue sous laquelle je présente ici l'action de la force végétatrice, qu'une observation très-singuliere faite par M. *de Saussure* de

Genêve que j'ai déja cité, fur un être microfcopique, qu'on peut nommer le *Protée* dans cette claffe, avec plus de raifon encore que celui dont M. *Baker*, célébre Obfervateur Anglois, fait mention dans fes découvertes, & qui lui reffemble en quelque façon par le pouvoir qu'il a de fe métamorphofer. Telle eft la grande ductilité de ce corps organifé, qu'il change continuellement de figure à tout moment ; toutes les différentes formes de rond, d'ovale, d'un filament délié qui ferpente, d'un corps plat à deux cornes, à plufieurs rayons, enfin à toutes fortes de projections, lui conviennent également. Il paroît pouvoir fe changer comme à volonté, & avoir pleine liberté de s'accommoder, felon le befoin, aux circonftances où il fe trouve. Il me femble, après ces deux exemples & plufieurs autres, que des Obfervateurs attentifs pourront découvrir par la fuite qu'il ne refte rien à défirer pour comprendre affez facilement comment une force intérieure modifie une forme extérieure felon la ductilité de la matiere qu'elle informe, & produit fpécifiquement, felon les circonftances, les figures quelconques convenables à toutes les efpeces de corps organifés. C'eft enfin ce que j'entends par une force végétatrice, feul principe de génération.

Tout cela une fois pofé, on entend facilement avec très-peu de métaphyfique amenée par des images fenfibles, quoiqu'imparfaites, comme M. *de Buffon* l'amene, que non-feulement un aveugle, un manchot ou un borgne peuvent, & doivent avoir des enfans auffi complets dans leurs membres que les parens les plus fains & les plus parfaits, mais que cette force végétatrice qui vitalife leur corps, leur rendra même les organes & les membres dont ils font privés, comme nous le voyons arriver dans les écreviffes, &c. fi la réfiftance n'eft pas invincible pour elle, ou fi la matiere qui les compofe eft auffi ductile que celle de leur fétus.

On voit encore, par cette feule façon d'envifager ce fyftême, que la vraie Philofophie ne nous égare jamais, & que c'eft toûjours par ignorance que l'on fe plonge d'un côté dans les abfurdités du matérialifme, ou qu'on les attribue d'un autre, fans connoiffance de caufe, aux Philofophes mêmes, en les jugeant felon les difpofitions de fon cœur.

A little fcience is a dangerous thing,
Drink deep, or taft not the Pierian fpring ;
Too fhallow drafts intoxicate the brain,
But drinking largely fobers us again. Pope.

C'eft toûjours une imagination vive, ardente, effrénée qui nous précipite dans l'impiété, & non pas un jugement raifonné fur les ouvrages de Dieu ; une imagination de cette trempe fubftitue un phantôme à la place de la raifon, ne regarde jamais les objets que du mauvais côté & dans un faux jour, & décidant de ce qu'elle prétend peindre, par des vues fauffes, elle attaque la Providence, & calomnie la vertu & la religion.

On auroit pû s'appercevoir avec la plus légére attention que le fyftême de l'épigenefe, comme nous l'avons décrit d'après les faits, s'éleve par dégrés en montant pas à pas l'échelle tracée par la nature ; qu'il ne déroge pas un inftant, ni à l'ordre établi par la Divinité, ni aux loix que nous devons regarder comme facrées, & qu'il porte le fceau de la vérité dans l'univerfalité de ses principes, qui s'étendent aussi loin que notre vue peut se porter dans ce monde visible. Cette exaltation graduée, cette activité progressive dont la matiere est douée, principe de toutes les métamorphoses physiques ou chymiques, qui végéte dans les plantes; qui compose & vitalise les corps organisés; qui s'irrite dans leurs membres; qui constitue leurs idiosyncrases; qui donne naissance aux différens phénomenes microscopiques dont nous avons parlé; qui vivifie la semence animale & végétale; qui diversifie toutes les sécrétions; qui fixe le nombre des especes par des analogies secretes; qui s'exalte dans les vivipares & les serpens vénimeux; qui se dissipe en particules contagieuses; qui, en agissant sur l'ame par des impressions sensibles, l'excite à penser & lui en fournit la matiere; qui sépare les élémens les uns d'avec les autres dans une échelle exactement graduée & variée à chaque pas; qui se subtilise en vapeur électrique; qui brille dans la lumiere sous la forme de sept couleurs principales avec mille nuances différentes; qui se change en matiere étherée; qui fait graviter les planétes vers le soleil; qui les unit dans un seul systême, & qui anime tout l'univers, avons-nous une seule fois insinué dans aucun de nos écrits qu'elle renfermât dans la sphére de son activité la sensation, & encore infiniment moins la puissance intellectuelle?

Si dans mon essai sur la génération, j'avance, en raisonnant d'après *Leibnitz* & bien d'autres Philosophes, que toute matiere quelconque, même la plus exaltée, est essentiellement composée, quoique les premiers principes qui la composent soient des êtres simples, je refuse en même-tems à ces mêmes principes toute sensation,

& à plus forte raison toute intelligence ; & je la refuse avec d'autant plus de fondement que leur essence, comme principes de la matiere, est de se combiner toûjours pour produire par leur action multipliée & coordonnée les phénomenes de l'étendue, de la figure, du mouvement & de la solidité ; or on ne conçoit pas que la sensation puisse exister, sinon dans un être en quelque façon isolé, distingué du corps qu'il habite, & dont l'activité est comme concentrée en lui-même. Toute sensation demande par sa nature, pour dernier terme, l'unité parfaite, au lieu que toute composition matérielle quelconque, même la plus exaltée, renferme dans son idée la multiplicité, tellement que si Dieu même par un effet de sa toute-puissance vouloit donner à un de ces êtres simples, principes de la matiere, la puissance de sentir, il sortiroit nécessairement de sa sphére sans pouvoir plus se combiner pour reproduire les phénomenes matériels. Il en sera enfin de lui comme d'une ligne quelconque qui ne peut être en même-tems un cercle & un quarré.

Par une raison de la même espece, tirée de la nature des choses, un être purement sensitif ne pourra jamais acquérir l'intelligence sans sortir de même de sa sphére qui est déterminée par la Divinité, car l'action d'un être sensitif ne s'éleve jamais au-dessus des impressions purement matérielles, & ne travaille pas sur elle-même pour reproduire, par la comparaison de ce qu'elle sent, de nouvelles idées, & les spiritualiser par ses abstractions de plus en plus, espece d'opération dont les bêtes sont visiblement incapables.

En effet les animaux n'ont pas la moindre idée du

nombre, ni les premiers principes d'aucune science, ni la moindre teinture de la morale, & la raison de tout ce qu'ils font de plus admirable dans l'économie de chaque espece, est dans l'être supérieur qui a combiné pour eux les effets naturels de pur sentiment dans tous les cas possibles pour la conservation de leur être, & non pas en eux-mêmes. Je m'explique par un exemple ; une certaine grosse espece de canard, qu'on appelle quelquefois canard de Moscovie, marche après la pluie dans des endroits un peu humides en frappant à chaque instant la terre avec ses pattes ; cette action répétée remue la boue, & fait sortir les vers dont il se nourrit : on est naturellement porté en voyant l'effet, à croire que ces animaux agissent ainsi avec une prévoyance bien marquée en cette occasion. Point du tout : placez-les dans une cour pavée, & donnez-leur de la nourriture, ils continueront, comme auparavant, de frapper les pierres en mangeant, & ils ne cesseront que quand la nourriture leur manquera. La prévoyance donc qui les dirige n'est pas dans l'animal, mais dans le Créateur qui a combiné ses deux actions ensemble pour leur bien-être général, selon le genre de vie auquel ils sont destinés.

Le même principe, plus ou moins compliqué, s'étend à tous les animaux quelconques, & constitue ce que nous appellons *instinct*, qui suffit avec la simple perception des idées qui leur reviennent immédiatement des objets, sans la puissance abstractive ou comparative de les conduire chacun selon sa propre économie. D'ailleurs, sans trop entrer dans la Métaphysique qui démontre de plus en plus, à mesure que l'on y entre, la supériorité, l'indépendance, & l'immortalité naturelle de l'ame intellectuelle, une preuve bien sensible que la connoissance purement sensitive est une espece d'action qui diffère totalement de l'intelligence, c'est que l'une, au lieu d'augmenter en raison de l'intensité de l'autre, diminue au contraire sensiblement jusqu'à l'extinction. Ce phénomene s'observe tous les jours dans des personnes totalement renfermées en elles-mêmes, & occupées fortement de leurs propres pensées ; c'est une vérité assez connue de tout le monde que la méditation très-profonde éteint la sensation.

Voilà ce que j'avois à répondre à ceux qui n'ont pas encore bien saisi notre système, ou qui n'ont pas encore eu le tems de l'approfondir. Je désire qu'ils veuillent bien le juger un peu plus digne de leur attention.

REMARQUES

Sur certaines nouvelles découvertes faites à Upsal en Suéde, extraites d'une Dissertation Académique sur le Monde invisible, par M. Charles Roos. A Upsal 1767.

« Haud ita pridem Nob. Dom Præses seminibus fun-
» gorum quorundam examinandis occupatus ostendebat
» mihi luculentissimè moveri hæc, & cursitare in aquis
» instar piscium ; verè viva animalcula, quæ post modum lege naturæ huc usque inauditâ, & intellectum
» hominis omnem superante, (ut fieri non posse dicerent multi, nisi videre oculis & palpare manibus rem

» liceret) muta, & fixa fuerunt fungorum corpora «. pag. 2.

Pag. 8. L'Auteur parlant des coreaux, des coralloides, des madrepores & d'autres zoophytes, ajoute conformément à ce que nous avons toûjours soutenu, & que nous venons de présenter sous un nouveau jour dans les notes précédentes. » Superfuit igitur ut crederent hos flores
» animatos seu polypinos, esse adventitios, zoophytis ad-
» hærentes, ut ex his nutrirentur, quemadmodùm larvæ
» insectorum à suis plantis. Hoc vero controversiæ ope-
» rosiori, maximè inter viros accuratissimos, *Ellisium* &
» *Basterum* agitatæ dedit occasionem, donec Nob. Dom.
» Præses in system. nat. edit. 10. rem conficeret, quod
» nempè in his zoophytis planta esset vegetabilis, sed
» flos animalis, unde clarior quoque accessit zoophyto-
» rum conceptus «.

» Scripsit hic vir (Baro *Otto Munchausen* in libro quem
» dedit anonymus, sub nomine *der Hans vatter*, 2 vol.
» 8°. Hannov. 1766.) ante decennium se invenisse
» quod ustilago hordei vivis constat animalculis ; nunc
» denique in opere nuper nominato narrat non solùm
» farinam nigram in ustilagine hordei & tritici mera
» esse ova, sed etiam similem farinam in lycoperdis,
» agaricis, & aliis fungis, immo ipsam mucoris fari-
» nam nihil aliud quam semina fungorum esse ; *sed semina*
» *hæc tepidæ per dies aliquot aquæ commissa veros germi-*
» *nare in vermiculos microscopiis perspicuè visibiles, tan-*
» *demque telam contexere exiguam, cui inhæreant immota,*
» *atque intumescant in fungos, quibus debeant originem* «. pag. 12.

Pag. 15. » Multis adhuc tenebris hæc genera essent

» involuta, nisi illustrissimus Munchausius experimentis
» suis longiùs progressus, sumptâ scilicet nigrâ farinâ
» lycoperdi, & aquæ pariter immissâ tepidæ, atque *in
» animalem commutatâ formam, vidisset hæc animalcula
» iterùm in fungos abire*, id est, motum amittere volun-
» tarium, crescere ubì satis fuerit alimenti humidi, in
» corpore magnitudine capitis, sicque catenulam osten-
» disset per totum nos systema fungorum deducentem «.

De jour en jour un vaste champ s'ouvre, & présente de nouveaux objets entierement conformes aux principes que nous venons d'établir, M. *de Buffon* dans son Histoire Naturelle, & moi dans mes Observations microscopiques. Rien n'a été plus clairement établi dans nos Ouvrages que le passage souvent très-prompt, selon le dégré d'exaltation du végétal au vital, & le retour du vital au végétal dans toutes les especes où ces deux classes se touchent presque immédiatement. M. *Spalanzani* révoque en doute, comme on l'a pû voir, la vérité & l'exactitude de mes observations sur cette métamorphose : cependant les voilà confirmées par le Baron *de Munchausen*, & vérifiées par ses expériences sur plusieurs corps, dont la corruption, comme on l'appelle communément, ou plutôt la décomposition se développe en êtres vitaux. Je crois, après avoir rapporté tout ce que j'avois à dire sur la nature de ces choses, qu'il est inutile d'appliquer de nouveau nos principes aux expériences en détail que je viens de citer : le Lecteur doit voir maintenant comment tous ces phénomenes entrent dans nos vues, & s'expliquent heureusement, même *à priori* ; car il ne suffit pas, avec les Sçavans d'Allemagne, de pouvoir faire une classe à part de tous les zoophytes, de décider qu'ils ne font proprement ni végétaux, ni animaux, mais une espece de classe mitoyenne, & de ranger les nouvelles expériences du Baron *de Munchausen* parmi celles de MM. *Tremblay*, *Jussieu*, *Peysonel*, *Elli*, & autres Physiciens qui ont écrit sur cette matiere : il faut les prendre dans leurs principes ; & ces principes doivent embrasser la génération de tous les corps organisés quelconques dans sa totalité, par un enchaînement non interrompu qui pervade tout le système. C'est ce que M. *de Buffon* a fait le premier par des recherches sur une partie de la matiere organisée, & personne n'en a jamais eu la moindre idée avant ce célébre Naturaliste. J'ai eu le plaisir de coopérer avec lui sur une autre partie, d'étendre ses vues, de les confirmer & de les généraliser il y a plus de vingt ans. Si les Sçavans du Nord avoient bien médité sur notre système, & sur les conséquences qui en découlent, loin d'être frappés d'étonnement par les observations du Baron *de Munchausen*, ils auroient vû, ce qu'on pouvoit facilement prévoir d'avance, qu'elles ne sont que des conclusions nécessairement renfermées dans nos principes. Si l'Auteur des *Lettres Amériquaines* vivoit encore, il apprendroit par les nouvelles découvertes qui se font tous les jours, que ce qu'on appelle communément esprit à Paris, ne suffit pas, sans des expériences bien faites, pour dévoiler même imparfaitement la nature, ni réconcilier la Philosophie avec la religion, que la plaisanterie est une ressource assez pitoyable au défaut de raisons, & qu'enfin le prétendu ridicule que l'on veut jetter sur un Adversaire ne ment pas à la vérité.

REMARQUES

Sur l'Analogie, & le passage du végétal au vital.

LA plûpart des Physiciens ne connoissent la nature que superficiellement ; ils ne la considérent jamais pour lui donner toute son étendue, mais seulement pour la resserrer & la ramener à leur méthode toûjours fautive, & souvent démentie par les faits. L'observation faite par M. de *Buffon*, & très-bien prouvée en plusieurs occasions dans le cours de son Histoire Naturelle, se vérifie encore plus amplement par les considérations que nous venons de donner dans nos remarques sur le passage du végétal au vital, & sur leur analogie réciproque. Voici un exemple qui mérite notre attention dans la classe des zoophytes de mer, & qui confirme nos idées. » Les Anglois, dit l'Abbé *Prevost*, tom. III, pag. 292. in-12, dans l'extrait de la relation du voyage aux Indes orientales par le Capitaine *Lancaster* en 1601, dans l'Isle de Sombrero, » découvrirent sur le sable du rivage une petite plante » qui croît assez pour devenir une espece d'arbre, mais » qui se retire dans la terre lorsqu'on y touche, & qui » s'y enfonce assez pour n'en être arrachée qu'avec effort. » Lorsqu'on l'en a tirée, on trouve avec admiration que » sa racine est un ver qui diminue à mesure que la plante » s'éleve, & qui prend par dégrés la consistence du bois ; » l'Auteur ajoûte que cette transformation est un des » plus étranges phénomenes qu'il ait vûs dans tous ses » voyages, & le reste n'est pas moins merveilleux, car

» si l'on arrache la plante dans sa jeunesse, elle acquiert
» en séchant la dureté d'une pierre, jusqu'à devenir sem-
» blable au corail blanc; de sorte que le ver se change
» successivement, dit le Traducteur, en deux natures
» essentiellement différentes. Il ne paroît pas que la vé-
» rité de cette observation puisse être suspecte, puisque
» les Anglois de la flotte prirent plusieurs de ces plantes
» & les rapporterent en Angleterre «.

En effet on ne trouvera rien qui détruise la probabi-
lité de ce récit, si l'on considére la nature du corail &
de plusieurs autres zoophytes pendant leur vie. » Nous
» trouvâmes, dit un autre Voyageur, plusieurs branches
» de corail encore toutes molles & gluantes que nous
» ne reconnûmes point, parce que nous n'en n'avions
» jamais vû de même; mais ceux qui virent les échan-
» tillons que nous en avions apportés, nous apprirent
» que c'étoit de très-bon corail «. Ceci est tiré d'un
voyage fait aux Indes orientales depuis l'année 1671 jusqu'en 1678 par un vaisseau de la Compagnie des Indes,
nommé le *St. Jean-Baptiste*, commandé par le Capitaine
Herpin.

Il suit de cet état *mollasse*, où presque tous les zoophytes de mer se trouvent quand ils sont en vie, confirmé en même-tems par MM. *Marsigli, Ellis, Donati*
& plusieurs autres Naturalistes, que cet être organique,
vû par les Anglois, étoit de ce genre; & tout ce que
l'on peut blâmer dans cette relation, c'est la distinction
qu'ils font assez mal-à-propos de la racine & du corps de
l'arbrisseau, comme si tout ce qu'il y avoit proprement
de vivant, fût renfermé dans cette même racine qu'ils
représentent sous la forme d'un ver. Or, s'ils avoient
réfléchi

réfléchi sur cette puissance, que la prétendue plante avoit de se contracter, de plier toutes ses branches, de se retirer, & de s'enfoncer assez dans le sable, comme ils le remarquerent, pour n'en être arrachée qu'avec force, ils auroient senti en même-tems que le tout ne faisoit en effet qu'un seul corps organique dont la vie s'étendoit également par tous les membres, quoique la racine parût alors la partie la plus animée par une espece de mouvement vermiculaire qu'elle exerçoit pendant que ses branches restoient immobiles dans un état de contraction.

M. *Adanson*, très-célébre Naturaliste, & Associé de l'Académie Royale des Sciences, vient dans ce moment de me confirmer de bouche ce que j'avois soupçonné de plus vraisemblable pour soutenir le fond du récit de mes Voyageurs Anglois. Voici son rapport sur ce qu'il a vû lui-même dans ses voyages en Afrique. Il se trouve sur les rivages, après le reflux de la mer, une espece de polypier marin très-analogue au *penis marinus*, mais qui est ramifié, & dont la tige, pendant qu'il est en vie, se contracte au point qu'elle rentre presque toute dans le sable lorsqu'on veut l'arracher. Ce même polypier, après sa mort, prend en se desséchant la dureté de la corne.

Ce ne sont pas tant les phénomenes extraordinaires que l'on rencontre quelquefois dans le cours de la Physique, qui nous égarent dans la recherche de la vérité, que les descriptions fausses, bizarres, ou exagérées que nous donnent les Voyageurs lorsqu'ils trouvent quelque chose qu'ils n'ont pas coutume de voir. Toutes les parties de la nature sont si bien liées entr'elles, qu'un vrai Phyficien trouve rarement de la difficulté à ramener au fyftême général ce qu'il découvre, & à le remettre dans fa véritable place. Mais un fimple Marin, ou un Voyageur, s'étonne à tout moment, & dans cet état de ftupéfaction il eft incapable de voir les chofes avec affez de fang froid pour en pouvoir faire une defcription jufte qui ne forte nullement des bornes de la vérité. C'eft au Phyficien dans ce cas, non pas à rejetter précipitamment tout ce qu'il entend, ou à traiter l'Auteur de fabulifte, comme il arrive affez fouvent à certains demi-Sçavans qui, en faifant parade d'une fauffe incrédulité, fe flattent, par la force d'un ris moqueur, de paffer pour Philofophes, mais il doit développer fagement la vérité qu fe cache, & la réduire à fa fimplicité native en écartan toute la prétendue merveille.

Je fuis d'autant plus porté à faire cette remarque, ap plicable à quelques autres exemples que je placerai ci après, & qui ne font pas directement de mon fujet préfent, que je fuis bien aife d'avoir occafion de relever un défaut qui revient trop fouvent dans nos Ecrivains modernes. *Dum vitant ftulti vitia in contraria currunt.* E effet, lorfque les chofes les plus extraordinaires, & apparence contradictoires avec le cours ordinaire de la n ture, font racontées par des gens d'une certaine probité, encore plus lorfqu'elles font foutenues par un certain nor bre de perfonnes dignes de foi qui n'ont aucun intér à nous tromper, on peut toûjours s'affurer que le fo de leur récit eft vrai, & qu'il y a indubitablement qu que chofe de caché fous le faux merveilleux de leur ré digne des recherches & de l'attention du Phyficien. Vo des relations que j'ai tirées de différens Auteurs auxqu

sur les Etres microscopiques.

...is que je viens de donner doit être appliqué pour ...faire leur profit. Rien n'est indifférent aux yeux d'un ...me éclairé qui doit se servir de l'ignorance même ... hommes quand il le peut, non pas pour s'en moquer ; ...t le caractere d'un mauvais esprit, mais pour la tourner ...c habileté à l'avantage de la science.

...l y a dans l'Isthme de Panama, selon le récit cons-... de plusieurs Auteurs Espagnols, un arbuste que les ...agnols nomment *Bien te veo, je te vois bien ;* on ...onte que si quelque personne passe près de ses bran-...s, elles se jettent ou se renversent sur elle, s'atta-...nt à ses habits par les épines, dont ses feuilles sont ...nies, & la tiennent serrée étroitement, si l'on n'a ... eu la précaution de dire auparavant ces mots, *bien ...veo ;* c'est ce que racontent les Espagnols natifs du ...s. Mais Don *Salvador Joseph Manner* dans son *Anti-...tro critico* contre le Pere *Feijoo*, cite le célébre *Solor-...o*, sçavant Avocat & Magistrat, qui a été dans le pays ...e, & qui a écrit *de Jure Indorum*, & *la Politica ...ana*, pour nous assurer qu'il n'est pas nécessaire de ...oncer ces mots *bien te veo*, mais que d'autres paroles ...conques contiennent l'arbuste, & lui font respecter ...oyageur qui se met ainsi en garde contre ses em-...es. Le Jésuite *Louis de Losada*, Espagnol qui profes-... la Philosophie à Salamanque, il y a environ qua-...e ans, rapporte aussi ce phénomene dans son Cours ...hysique, *Tract. de anima*, & n'en doute nullement ; ... donne même comme une chose assez connue de ...bre de personnes.

...ilà effectivement une histoire en apparence très-ridi-... qui paroît apprêter à rire aux esprits légers ; mais il est

fort facile de rejetter par un badinage infenfé des véri[tés]
mal préfentées ; c'eft imiter ces nations qui, dit-on, étou[f-]
fent les enfans difformes, au lieu de prendre la peine de [les]
redreffer ; & on fe fait ainfi à bon marché la répu[ta-]
tion de Philofophe par une efpece de fcience purem[ent]
négative dans les cercles où l'on veut briller : m[ais]
voyons fi le ridicule eft la pierre de touche de la [vé-]
rité, & fi la Religion & la Phyfique peuvent s'éclai[rer]
par un examen réfléchi des chofes qui méritent quelquef[ois]
toute notre attention. Voici comment cette hiftoire, [qui]
ne nous annonce que des prodiges, peut l'expliquer [en]
peu de mots. Après avoir écarté tout le merveilleu[x à]
l'avantage de nos connoiffances phyfiques, il fe trou[ve]
que le *bien te veo* n'eft qu'un arbufte du genre fenfit[if]
de quelques pieds de hauteur, garni de feuilles épineu[fes]
d'une grandeur proportionnée à fa hauteur, à-peu-pr[ès]
comme celui que M. *Adanfon* a vû en Afrique, [ex-]
cepté peut-être que fes mouvemens font beaucoup p[lus]
prompts. J'avois déja deviné le myftere, lorfque ce fav[ant]
Naturalifte, de qui j'ai voulu demander l'avis, eft v[enu]
de lui-même pour confirmer mes idées. Celui d'Afri[que]
eft certainement moins actif & moins prompt ; qu[and]
on paffe auprès de lui, il baiffe fimplement fes feuil[les ;]
plus civilifé, fi vous voulez, que celui du détroit de Pa[na-]
ma : auffi les Naturels du pays l'appellent-ils en co[nfé-]
quence, par un nom caractériftique de fes mœurs, *le [bon]
jour*, comme les Amériquains pour une raifon femb[lable]
nomment le leur *bien te veo*. Tout le refte de la merv[eille]
s'entend de lui-même ; un homme une fois pris [par]
une pareille plante fe met naturellement fur fes gar[des,]
& les mots *bien te veo* ne font fimplement qu'anno[ncer]

disposition. L'effet naturel de son attention est de tenir un peu à l'écart quand il approche, pour con-[ti]nuer son chemin auprès d'une espece d'ennemi qu'il [fa]it craindre, & la liberté de passer tranquillement, dont [il] jouit en conséquence de ses précautions, est attribuée [au]x mots qui lui échappent, ou à ceux-ci *bien te veo*, com-[me] les plus usités, ou tous autres sons expressifs de son [éta]t de prévoyance. Voilà une preuve assez sensible qu'a[ve]c un peu de réflexion, on peut faire sortir la lumiere des [té]nebres, ce qui n'arrive jamais à ceux qui commencent [pa]r rire au lieu de penser, & qui finissent par tomber bien-[tôt] dans le scepticisme. Pour rendre cette vérité plus in[con]testable, je rapporterai encore quelques autres exemples [du] même genre.

Tout le monde connoît les prétendues vertus de la ba[gu]ette divinatoire; je n'avois pas encore essayé avant [le] commencement de l'été dernier de découvrir sur quoi [sa] prétendue réputation, si universellement répandue, [po]uvoit être fondée, plutôt par oubli ou par inattention, [qu]e par mépris, dont j'écarte la séduction dans mes re[ch]erches sur les Sciences, autant qu'il m'est possible. Enfin [il] s'est présenté une occasion de faire cet essai l'année [der]niere avec un Expert, qui, s'étant servi de ce moyen [po]ur trouver une source, avoit déclaré l'avoir découverte [pa]r le mouvement de sa baguette dans un endroit de la [for]êt de Saint-Germain près du Val, à une petite lieue [de] la ville. J'appris d'une personne fort instruite qui [l'a]voit accompagné dans ses recherches, l'endroit où la [ba]guette avoit tourné entre ses mains, & la maniere dont [il] falloit la tenir. J'étois encore bien loin de soupçonner [la] vraie cause physique de ce mouvement; quoique je

Q iij

fusse convaincu de la réalité du fait ; mais ne pouva[nt] en aucune façon l'attribuer à une espece d'attraction pr[é]tendue dans l'hypothese admise par plusieurs Auteurs d[es] émanations supposées qui sortent de la terre ; j'éto[is] plus porté à l'attribuer à l'effet de quelque supercheri[e.] Avec cette disposition, on peut juger de mon étonn[e]ment dans les premiers instans, quand j'ai vû la baguett[e] non-seulement s'incliner avec effort vers la terre, mais[,] ce qui étoit plus extraordinaire, lorsque je l'ai senti[e] me forcer la main & vaincre toute la résistance que j[e] pouvois opposer à son mouvement; enfin, pour ne pa[s] tenir plus long-tems mon Lecteur en suspens, j'ai trouv[é] après quelques momens de réflexion, que le principe d[e] ce mouvement dépend totalement de la disposition forcé[e] du systême musculaire du bras, qui tend en se redressan[t] à se remettre dans son état naturel.

Tout l'art de la baguette consiste dans la figure & dan[s] la proportion des deux parties dont elle est composée[,] pourvû qu'elle ne soit pas d'un bois trop cassant ; & c'e[st] pour cela qu'on doit préférer le coudrier, quoique tou[t] autre bois, même du bois mort, produise le même effet[,] comme je l'ai reconnu d'après l'expérience, malgré le pr[é]texte ou la fausse persuasion de ceux qui l'emploient com[]munément avec exclusion de tout autre bois. On l[e] choisit d'environ un doigt d'épaisseur ; c'est une vrai[e] fourche, dont les branches égales à-peu-près en diam[è]tre, & d'environ un pied & demi de longueur, ne doi[]vent avoir qu'une ouverture de trente à quarante dégré[s.] On saisit cette fourche en en serrant fortement chaqu[e] branche dans chaque main ; & selon la premiere attitud[e] présentée par la *Fig.* A, *Pl.* 4, on voit assez clairemen[t] que les doigts des deux mains sont tournés en dedans vers la poitrine, pendant que la pointe de la fourche, ou la tête, regarde verticalement la terre. En ouvrant ensuite un peu les deux coudes, & en écartant légèrement les deux branches de la baguette, on courbe le corps pour s'incliner lentement vers la terre, pendant qu'on ramene intérieurement la pointe, ou tête de la baguette, de façon que peu-à-peu, mais toûjours en la serrant également dans les deux mains sans lâcher prise, on la force à la fin de regarder verticalement le ciel, comme on voit assez clairement par l'attitude de l'Opérateur, exprimée dans la *Fig.* B, *Pl.* 5. Dans cet état on sent que tout le système musculaire des deux bras est tordu, & que par conséquent chaque muscle en agissant par ses extrêmités contre la baguette qu'il serre fortement, doit travailler, en la ramenant, à se redresser.

Voilà en peu de mots tout le mystere de ce phénomene qui paroît si extraordinaire aux yeux de la multitude. On m'a assuré depuis qu'il y a différentes manieres de tenir la baguette, & quoique tous les Experts ne soient pas d'accord dans leur façon d'opérer, elle tourne néanmoins également entre les mains de certaines personnes en se refusant absolument à d'autres. Tout ce que je peux répondre à cela, c'est que je ne connois pas moi-même une autre maniere de la tenir, que celle ci-dessus énoncée que j'ai reçue d'un Expert dans cet art, & dont j'ai donné la raison physique. Il est très-vrai en même-tems qu'elle ne tournera pas également dans les mains de tout le monde, comme je l'ai éprouvé moi-même, parce que tout le monde ne sçaura pas plier également bien les muscles des deux bras, & se mettre dans l'attitude nécessaire pour produire l'effet ; mais s'il y a encore quelque autre position pour la tenir, & à laquelle cette explication que je viens de donner ne soit pas directement applicable, on peut s'assurer d'avance qu'un Spectateur intelligent & un peu attentif en verra la raison dans sa combinaison avec les mains de l'Opérateur, & que le résultat sera, à peu de choses près, conforme à ce que je présente maintenant à mon Lecteur

Je répete ce que j'ai déja recommandé aux Philosophes, sçavoir que l'on ne doit jamais méprifer ce que nous présentent des gens peu experts sous la forme d'une vérité universellement reconnue. Le peuple est dans le cas de voir un grand nombre de faits qui ne se présentent que très-rarement aux yeux du Physicien le plus actif, & encore moins à plusieurs de nos Auteurs modernes qui ne sortent guéres de leur cabinet.

Les Pêcheurs connoissoient la propriété qu'ont les étoiles de mer, & beaucoup d'autres corps marins, de se propager par division, avant que M. *Tremblay* eût découvert cette qualité singuliere dans les polypes d'eau douce, qualité qui a renversé tous nos systêmes régnans. M. *Bernard de Jussieu* les trouva en possession depuis long-tems de cette vérité physique sur les côtes de Normandie, & les essais de ce célébre Naturaliste les firent rire en le voyant travailler sur ces productions qu'il coupoit par morceaux, parce qu'ils s'imaginerent qu'il vouloit les faire périr par ce moyen, dont ils sçavoient très-bien l'inutilité. De même notre Peuple en Angleterre, long-tems avant les nouvelles découvertes électriques, connoissoit très-pertinemment l'usage de la vieille ferraille qu'il ne manquoit jamais de poser sur ses tonneaux de bierre pendant un orage, pour l'empêcher de s'aigrir.

Si l'on vouloit faire des recherches, on trouveroit encore quelque antipathie entre la matiere électrique & le laurier ; je n'ai jamais fait par moi-même aucune expérience sur cet objet ; mais j'ai raison de présumer que cette plante peut être en possession de certaines propriétés inconnues & préservatives contre le tonnerre, uniquement parce que les Anciens avoient cette idée généralement répandue parmi eux de génération en génération.

Je reviens maintenant au sujet que j'ai proposé au commencement de ces remarques, & partant du même principe, je crois devoir rappeller à un nouvel examen les phénomenes de la mouche végétante des Caraibes, & ceux de la plante ver de la Chine, quoique les deux problêmes puissent paroître déja résolus, le premier dans les Transactions Philosophiques de Londres, Vol. 53, N° 44, page 271, par MM. *Watson & Hill*; & le second, par M. *de Réaumur*, dans les Mémoires de l'Académie des Sciences à Paris, année 1723, page 302.

Voici l'histoire de la mouche végétante, telle que nous l'avons reçue de nos Officiers qui revenoient alors de ce pays après la derniere guerre ; c'est un Extrait des Transactions Philosophiques, où elle se trouve confirmée par le témoignage unanime de différentes personnes, & elle ressemble mot pour mot à une relation que j'ai recueillie moi-même à Turin, d'un Chef de nos Ingénieurs au siége de la Havane, & qui a voyagé ensuite avec un Seigneur Anglois.

« La mouche végétante se trouve dans l'Isle Domini-

» que, & ressemble, si vous exceptez les ailes dont elle
» est privée, au bourdon en grandeur & en couleur,
» plus qu'à aucun autre insecte du pays. Dans le mois
» de Mai elle s'enterre, & elle commence à végéter
» vers la fin du mois de Juin ; l'arbrisseau qui en pro-
» vient arrive à sa perfection, & ressemble à une branche
» de corail. Elle croît jusqu'à la hauteur de trois pou-
» ces, & porte plusieurs petites gousses, d'où naissent
» certains vers qui se métamorphosent ensuite en mou-
» ches, comme les chenilles en Angleterre ». Les deux
personnes nommées dans les Transactions de Londres,
comme témoins de ces phénomenes singuliers, & de qui
nous tenons la relation précédente, transmise mot pour
mot, comme elle est énoncée ci-dessus, à la Société
Royale, sont le Capitaine *Newman*, Officier dans le Régi-
ment du Général *Duroure*, qui revenoit de l'Isle Do-
minique, & le Capitaine *Gascoign*, qui commandoit le
vaisseau de guerre le Dublin, revenant aussi de la même
Isle.

Pour résoudre cette espece de paradoxe physique, si
l'on pouvoit se contenter de l'ombre d'une réponse, qui
n'est rien moins que satisfaisante, il me suffiroit peut-être
de donner celle de M. *Hill* à M. *Walson*, qui l'avoit
consulté sur cette production singuliere, dont le premier
venoit de faire l'examen. Mais elle ne s'étend pas au-
delà de l'état de l'insecte sous la forme de nymphe, & ne
comprend que la premiere partie & la moins considérable
de sa relation ; celle qui regarde le commencement de
sa végétation pendant qu'il reste en terre, (ce qu'il est
fort important d'observer) celle qui concerne l'arbrisseau
quand il s'éleve, les vers qui se forment dans les gous-

ses, & les mouches qui en proviennent, ont été entiérement négligés. M. *Hill* ne prétend pas nous rendre raison de cette opinion, ou nous dire ce qui peut avoir donné occasion aux habitans du pays & à nos Officiers de se tromper dans des faits dont ils se portent pour témoins constans. Voici comment le Docteur *Hill* s'exprime dans sa réponse à M. *Watson*.

» Après que le Colonel *Melvil* eut transporté ces mou-
» ches de la Guadeloupe à Londres, Milord *Bute* m'en-
» voya la boîte qui les contenoit pour les examiner. Voici
» quel en fut le résultat. Il y a à la Martinique un *Fungus*
» du genre des *Clavaria*, qui differe en espece de tout
» ce que nous avons connu jusqu'à présent. Il produit sur
» ses côtés des gousses. Je l'appelle en conséquence *la*
» *Clavaria sobolifera*. Il croît sur les corps putrides des
» animaux, comme notre *Fungus ex pede equino*, qui vient
» sur la corne des chevaux morts. La cigale est fort com-
» mune à la Martinique, & pendant son état de nym-
» phe, connue alors par nos Auteurs anciens sous le
» nom de *Tettigometra*, elle s'enterre sous des feuilles
» mortes pour attendre sa métamorphose : alors si la
» saison n'est pas favorable, il périt un grand nombre
» de ces insectes ; en attendant, les semences du clavaria
» s'attachent au cadavre, & se développent.

» La tettigometra se trouve rangée parmi les cigales
» dans le Museum de Londres, & la clavaria nous est
» connue depuis très-peu de tems. Voilà exactement
» le fait & tout ce qu'on peut penser de vrai sur ces pro-
» ductions, quoique les habitans ignorans croient réelle-
» ment qu'une mouche végete, & que même l'on trouve ici
» un dessein de cette plante de la main d'un Espagnol,

« sous la forme d'un arbrisseau à trois feuilles, en même-
» tems qu'il représente l'animal qui emporte en volant
» ce même arbrisseau sur son dos ».

Voici ce qui me reste à dire sur cet objet, d'après les nouvelles recherches que je viens de faire à Paris. Nous avons ces mouches en assez grand nombre dispersées dans les différens cabinets de Paris. M. *Bernard de Jussieu*, de trois nymphes qu'il avoit, a eu la bonté de m'en céder une pour en faire l'examen. C'est la même où la plante ne commence qu'à pousser, dont j'ai donné la figure, *Pl.* 6, *Fig.* 3, avec celle d'une autre beaucoup plus avancée *Fig.* 1, *Pl.* 6, que M. *Daubenton* le jeune m'avoit procurée, venant du cabinet de M. *de Mauduit*, pour la faire dessiner. On y voit la plante d'environ un pouce en longueur, se repliant autour du corps de l'insecte. Je parle d'après les sentimens de MM. *Bernard de Jussieu* & *Adanson*, deux habiles Naturalistes de l'Académie Royale des Sciences, & d'après ma propre inspection, lorsque je me déclare dans la nécessité de confirmer l'opinion de MM. *Watson* & *Hill*, quant au genre de la plante, qui sort toûjours de la tête de ces insectes dans l'état de nymphe. Mais pour pouvoir rendre raison de cette partie du récit de nos Officiers, qui regarde l'arbrisseau lorsqu'il s'éleve, ses gousses, les vers qui se forment dans l'intérieur de ces mêmes gousses, & leur métamorphose en mouches, je trouve deux hypotheses assez probables, dont la stricte vérification doit être reservée à quelque Naturaliste qui se trouvera dans le pays même. Ce sont des phénomenes qui méritent bien d'être éclaircis, d'autant plus que tout ce que je peux dire n'est qu'une pure supposition qui, quoique plausible, est encore bien éloignée de me satisfaire pleinement.

On remarque assez communément que toutes les plantes du genre des *fungi* se trouvent presque toûjours percées par des mouches qui déposent leurs œufs dans leur substance, d'où naît après quelque tems une nouvelle race de la même espece, & c'est ma premiere hypothese pour expliquer les phénomenes dont parlent nos Officiers, en supposant que ni eux-mêmes, ni les habitans n'ont jamais regardé l'événement d'assez près pour pouvoir décider avec précision que les mouches qui en proviennent, ne sont pas de la même espece que la mouche ou la cigale, dont la nymphe sert à nourrir la clavaria qui s'attache à elle après sa mort.

Ma seconde supposition est, qu'il y entre peut-être de la supercherie de la part de certaines personnes intéressées à faire commerce de ces prétendus miracles de la nature. M. *Daubenton* le jeune m'assure qu'un Naturaliste de ses amis ayant ouvert la clavaria qui s'attache à la nymphe des insectes en question en forme d'un pédicule assez long, comme on le voit à la seconde Figure, *Pl. 6*, a trouvé dans l'intérieur de sa substance cinq ou six grains en forme de semence de millet. On n'a pas pû connoître par la simple inspection de sa semence l'espece de la plante qui en provient, mais il peut se faire qu'elle soit très-propre à nourrir l'imposture en présentant après le développement qu'elle fait en racines & en branches aux dépens de la clavaria qui s'efface, une substance très-propre à nourrir le *fœtus* de certaines mouches qui ressemblent en quelque façon, quand on ne les examine pas de près, à la cigale dont on tire de terre la nymphe avec la clavaria qui s'y attache. Les deux impostures se trouvent par cet artifice assez bien liées ensemble, & on rend en même-tems une raison probable de l'erreur des habitans, en exposant le moyen qu'on peut employer pour les tromper. Après tout, c'est une espece de mystere dont je recommande la découverte à ceux qui ont des correspondans dans ce pays, en état d'examiner la chose en vrais Naturalistes, & de nous communiquer ensuite leurs observations, telles qu'on peut les desirer pour l'entiere satisfaction du monde sçavant.

A cette histoire de la mouche végétante, celle du plante-ver doit succéder, comme analogue en quelque façon. Elle se tire d'un Mémoire de M. *de Reaumur*, lû à la séance du 21 d'Août 1726, & publié dans les Mémoires de l'Académie des Sciences pour la même année. » Nous avons reçu, dit ce sçavant Naturaliste,
» du Pere *Parennin* Jésuite, quelques racines propres à
» étendre nos connoissances sur l'Histoire Naturelle. Entre
» ces racines est celle d'une plante qui seroit un étonnant
» prodige, si ce qu'on en débite à la Chine, & si ce
» qu'on apprend de son nom seul, étoit vrai. On l'y ap-
» pelle *Hia tsao tom tchom*; ce qui veut dire, au rap-
» port de ce Pere, qu'elle est plante pendant l'été, &
» que pendant l'hiver elle est ver...... Rien ne manque
» effectivement, continue M. *de Reaumur*, à ce qui se
» trouve au bout de ces racines, à la ressemblance par-
» faite d'un ver ou d'une chenille : aussi ne sçauroit-on
» douter que ce ne soient véritablement de ces insec-
» tes ; mais la merveille se réduit sans doute à ce qu'ils
» choisissent les racines de cette plante pour s'y attacher

» lorsqu'ils font prêts à se métamorphoser en aurélies
» ou en nimphes.... Il reste pourtant une singularité
» remarquable au ver ou à la chenille du Thibet, qui
» auroit pû faire penser en France, comme à la Chine,
» à ceux qui ne sont ni Physiciens ni Observateurs, qu'une
» portion de la racine s'est métamorphosée en ver, c'est
» que cette chenille attache sa queue précisément au bout
» de la racine, de maniere que le corps de l'insecte
» semble être un prolongement de cette même racine ».

Rien ne peut être plus plausible que la résolution donnée par M. *de Reaumur* de ce problême physique ; mais je ne sçaurois m'empêcher de remarquer malgré les préjugés légitimes que nous avons contre de pareilles métamorphoses, qu'elle suppose toûjours la chose qui est encore en question entre nos Observateurs Européens & ceux de la Chine. C'est une pure supposition tirée par analogie de ce que nous observons chez nous, & la seule preuve positive que l'on allegue contre la réalité de cette métamorphose, est qu'il est facile, selon ce Naturaliste, de reconnoître avec un peu d'attention où finit la plante, & où commence l'animal, par les fibres ligneuses de la racine, aisées à distinguer, dont on a fait exprès la dissection à quelque distance de la pointe de l'union des deux corps. Or cette preuve n'est pas du tout propre d'elle-même à décider la question, car nous voyons tous les jours des bois dont une partie est devenue pierre, pendant que l'autre demeure dans son état primitif ; cependant celui qui par une pareille raison, & dans la supposition que ce changement du bois en pierre est physiquement impossible, se persuadera que ce qu'on lui présente dans le genre ne peut se faire autrement, que par l'union accidentelle de deux corps distincts, se trompera grossiérement. Je ne prétends pas malgré la force de cette comparaison, souscrire à la croyance Chinoise sur cet article; mais ce que je soutiens, c'est que l'on n'a pas encore suffisamment éclairci ni les phénomenes du plante-ver, ni ceux de la mouche végétante des Caraibes. Ce que M. *de Reaumur* aura pû faire de mieux à la distance où nous sommes de la Chine, & n'ayant devant lui que des objets morts & desséchés, est précisément ce qu'il a négligé de faire. Il falloit examiner ces deux corps à la pointe précise de leur union, & vérifier ce qu'il suppose seulement, l'existence positive de cette espece de glue, dont la chenille a soin, dit-il, peut-être d'enduire le bout de la racine à laquelle elle s'attache. Il reste encore à faire, même après cela, d'autres questions très-dignes de notre attention. Pourquoi cet insecte préfere-t-il toûjours cette espece de racine uniquement pour s'y attacher, puisqu'un insecte qui se dispose à la métamorphose ne doit pas la regarder comme une nourriture ? Pourquoi choisit-il toûjours le bout de la racine plutôt que toute autre partie également assurée dans la terre qui l'enveloppe de toutes parts? Et enfin, pourquoi les Chinois, s'ils n'ont d'autres raisons pour leur hypothese, que celles qui se sont montrées à M. *de Reaumur*, se décident-ils sur des apparences si légeres pour soutenir une telle merveille, puisque les mêmes Chinois qui voient tous les jours des chenilles & des nimphes attachées également à divers autres végétaux, ne prétendent pas que les branches de ces végétaux se métamorphosent en animaux, ou portent des insectes, comme elles produisent des fruits ou des semences?

A l'occasion des mouches végétantes des Caraibes, j'aurois encore à demander pourquoi la clavaria s'attache par préférence à cette espece de nymphe, de maniere qu'on ne la voit pas de même sur les autres especes qui sont enfoncées également dans la terre, sous le même climat & dans le même sol. Cela se manifeste suffisamment par la distinction qu'elle a obtenue vis-à-vis des autres, & par son nom de *mouche végétante*. Secondement pourquoi cette plante part-elle toûjours de la tête de l'insecte ? Si on doit regarder cet effet plutôt comme accidentel, que physiquement lié à la nature de la chose, selon les idées de M. *Hill*, pourquoi enfin trouve-t-on constamment dans le pays des Caraibes, quand la saison arrive, tant de miliers de ces aurélies qui portent cette espece de plante, dont on a déja vû des centaines à Londres & à Paris, espece de phénomene si singulier, qu'on n'en a pas un seul exemple connu dans aucun autre pays, parmi les milliers de nymphes qu'on déterre journellement ? Si cela n'indique pas un passage clair & manifeste du vital au végétal, & réciproquement, comme les recherches faites sur les histoires ci-dessus énoncées, que l'on met avec raison en grande partie au rang des fables, paroissent le démontrer, il nous fournira néanmoins des preuves assez fortes par induction, pour croire que les plantes au moins subalternes, telles que les *fungi* en général, dont personne n'a jamais pû découvrir les semences avec certitude, peuvent se former par végétation de la substance morte des animaux *.

Cela revient entiérement à nos principes, & ne sera

* Voyez à la fin, la note sur la dissection de la Clavaria.

R

pas certainement défapprouvé par aucun Physicien qui prendra la nature dans toute son étendue. Selon ces mêmes principes, cette conclusion ne tire pas à conséquence en aucune maniere pour l'admission de la possibilité physique d'une pareille métamorphose en plantes parfaites, sans autres preuves plus directes, parce que leur nature aussi bien que leur substance, differe totalement de celle des *fungi* en général, qui fournissent un sel volatil alkali, comme l'on sçait, & dont les principes approchent bien plus près du terme animal que les autres végétaux.

Après les précautions que j'ai cru nécessaire de prendre au commencement de cette remarque, & en suivant exactement l'esprit d'un juste discernement, qui doit toûjours régler la croyance de tout homme sensé, je me persuade que je ne risque rien auprès du vrai Philosophe, en lui proposant comme un sujet digne de ses recherches, ce que *Guillaume Pison*, Médecin & Physicien Hollandois, nous apprend des propriétés d'une espece de locuste nommée par les Portugais *louva Deos*, ou *près-que Dieu*. Si ce qu'il raconte étoit moins extraordinaire, on ne douteroit peut-être pas un instant de sa réalité, non-seulement à cause que l'Auteur qui a demeuré très-long-tems dans le pays du Brésil, dont il nous donne l'Histoire Naturelle d'après ses propres observations, étoit Physicien par profession, mais aussi parce qu'il a écrit après *Markgrave*, Naturaliste très-judicieux & très-estimé, dont il a beaucoup profité en s'appropriant son travail : mais que chacun pense ce qu'il voudra là-dessus, je crois devoir en faire part au public, comme le seul moyen de sçavoir au juste dans la suite ce que le récit

de *Pison* contient de vrai ou de faux, en excitant des recherches ultérieures sur une matiere qui renferme, selon toutes les apparences, quelques vérités naturelles, extraordinaires & intéressantes. Voici ce qu'il dit de cet insecte. » Unde non solùm Barbari, sed & Christiani
» imprimis multa superstitiosa sibi imaginantur, quasi
» macie perpetuâ confectæ homines docerent supplices.
» Bestiolæ hæ in plantam ejusdem ferè viriditatis &
» tenuitatis duarum palmarum magnitudinis transformantur. Pedes primùm terræ affiguntur, unde accedente humiditate requisitâ radices exeunt, quæ terræ infiguntur, atque ita paulatim parvo temporis spatio totæ convertuntur. Aliquandò autem inferior tantùm corporis pars naturam & faciem plantæ induit manente superiori parte aliquandiu mobili, ut antè, donec tandèm totum insectum paulatim transmutetur, atque sensitivum quod fuit vegetativum fiat; naturâ per circulum quasi successivè agente, motuque perpetuo in se recurrente. Hanc plantam libentissimè curioso Lectori exhibuissem, sed per varias temporis & itineris injurias re desideratâ potiri non licuit. Hist. Nat. & Medic. Brasiliæ, lib. 5, cap. 21 ».

Ce phénomene extraordinaire se trouve confirmé par [l']extrait que j'ai fait du Pere *Bluteau* à l'article *louva Deos*, Tome LN du Vocabulaire Portugais & Latin. [C]et extrait ne parle que de la seconde métamorphose, [o]u du retour du végétal au vital, comme dans le précédent [il] ne s'agit que du changement du vital en végétal; mais [le]s deux passages pris ensemble, si on doit les regarder [co]mme vrais à la lettre, en même-tems qu'ils se con[fir]ment mutuellement, renferment l'économie complette de cette espece d'être organique. Voici ce que rapporte le Pere *Bluteau*...... dans la vie du Pere *Jean d'Almeyda*, liv. 4, cap. 3, page 112. » On donne encore » le même nom de *Louva Deos*, (ou *Louer Dieu*) à un » insecte dans le Bresil, de la longueur d'environ un » demi-pied, avec six pattes. L'Auteur assure qu'il a vû » de ses propres yeux naître cet insecte d'une petite bran- » che ». (Il ne spécifie pas de quelle espece de plante ; mais si ce qu'il raconte est vrai, on doit la supposer la même que celle dans laquelle l'insecte de *Pison* s'étoit transformé). » Une partie de cette branche commençoit » à s'animer, à se mouvoir & à se transformer dans le » dit insecte ; la même branche (zoophyte) venoit d'un » bourgeon ou d'une espece de nœud, tel qu'on voit » sur un sep de vigne, & l'insecte qui en provenoit, » avoit le sang verd, semblable en tout au suc de la » branche d'où il sortoit ».

Je ne sçais pas ce que l'on pensera de ces deux passages ; chacun raisonnera sans doute selon ses idées ; j'avoue naturellement, quant à moi, que si je voyois de mes propres yeux ces deux phénomenes à ne pouvoir pas me tromper sur leur réalité, tout extraordinaires & même fabuleux qu'ils peuvent paroître à plusieurs Naturalistes, ils ne m'étonneroient que très-foiblement, & loin de déranger mes idées, ou physiques ou morales, ils ne rendroient que plus palpable & en grand, une vérité dont je suis très-convaincu déja par mes observations microscopiques. Elles m'ont fait prendre presque malgré moi une vûe plus étendue de la nature, & ces especes de métamorphoses, si on peut effectivement s'assurer de leur vérité, se trouvent d'elles-mêmes renfermées dans mes principes. En attendant, les témoignages paroissent assez positifs, mais ce sont les faits en Philosophie, quand on peut les rendre incontestables, qui doivent régler nos sistêmes, & nos systêmes n'ont aucun droit par eux-mêmes, sans d'autres raisons, d'anéantir les faits. Ils sont, si vous voulez, totalement inconnus à certains Philosophes, inouis & contraires à leurs idées ; mais tout extraordinaires qu'ils paroissent, ils ne sont pas plus étonnans ni plus contraires à notre façon de penser, que plusieurs phénomenes nouveaux dont nous sommes très-assurés.. Ceux des Polypes, par exemple, s'ils avoient été annoncés par quelque Observateur du Brésil, sans que nous fussions en état de les vérifier chez nous, comme sont ceux que nous venons de décrire, je doute que les Philosophes de l'Europe leurs eussent donné plus de croyance, qu'ils se trouveront peut-être disposés à en donner à l'histoire du *Louva-Deos*, faite par *Pison* & le Pere *Bluteau*. En tout cas la chose mérite des recherches plus suivies, & on ne doit jamais, il me semble, regarder des faits physiques comme fabuleux, uniquement parce qu'ils excédent nos idées, & qu'ils ne peuvent se concilier avec nos systêmes. C'est la conclusion qui paroît naître directement de tout ce que nous avons dit dans cette remarque, & qui sera, si on l'applique avec justesse, d'un usage très-étendu dans la Physique.

NOTE

Relative aux deux dernieres Planches.

CETTE note, qui contient plusieurs choses rélatives aux différentes parties de mon Ouvrage, est en quelque façon déplacée ; mais comme c'est une suite des nouvelles réflexions que j'ai faites depuis, on ne sera pas fâché de la trouver ici, d'autant plus qu'il sera aisé, après avoir lû ce qui précede, de rétablir l'ordre idéal de ce que j'ajouterai ici, dont le local n'a été dérangé qu'à l'occasion des nouvelles observations qui sont venues après-coup. Pour rendre mes idées plus claires, & leur liaison avec ce qui précede plus évidente, j'ai fait graver deux Planches avec un certain nombre de Figures, dont je donnerai l'explication avant que de faire mes remarques. La Planche 6 représente tout ce que j'ai pû observer sur la mouche végétante des Caraïbes, dont il y a deux Figures différentes en état de nymphe, chacune portant sa plante au-devant de sa tête en forme de corne. Les deux plantes sont de la même espece ; mais celle de la premiere Figure est beaucoup plus avancée que celle de la seconde. On les appelle mal-à-propos mouches ; ce sont en effet de véritables cigales, & leurs nymphes en portent tous les caracteres, comme je l'ai vérifié exactement sous la direction de M. *Adanson*, en les comparant avec les nymphes des autres cigales, dont cet habile Naturaliste a fait une très-riche collection pendant son séjour en Afrique.

sur les Etres microscopiques. 263

J'ai déja exposé mon sentiment sur cet objet dans une note précédente ; ce qui me reste à ajouter ici, regarde principalement une dissection que nous avons faite ensemble, M. *Adanson* & moi, de la plante qu'elle porte, qui a servi à nous assurer, comme plusieurs autres l'avoient déja remarqué avant nous, que c'étoit une espece de *Clavaria*. La premiere Figure représente une de ces cigales en état de nymphe, avec sa plante *A* fort avancée, qui se trouve encore représentée en grand dans la seconde Figure divisée en trois parties. La section *B* de cette seconde Figure montre l'intérieur de la Clavaria, coupée transversalement. On y voit comme des traces de ce que l'on pourra prendre pour des capsules destinées à loger les semences disposées circulairement. Ce ne sont que des traits noirs, paralleles, à des distances égales ; mais on n'y découvre aucunes semences, ni même aucune cavité propre à les loger. Le milieu de ce cercle est d'une substance plus dense, plus foncée & tachetée de très-petits points noirs. La section *C* n'est faite que pour montrer que la distribution des parties & la configuration intérieure est la même que celle de la section *B* continuée dans toute la longueur de la plante. Les lettres *DDD* sont un épanouissement de la même matiere, qui sert à former & à nourrir la Clavaria, sous la figure d'une pellicule de moisissure ordinaire, aussi fine qu'une toile d'araignée, & la lettre *E* marque la racine, ou plutôt la base de la plante, de laquelle on a écarté la pellicule pour la faire paroître. Elle est triangulaire en forme de marteau, parce qu'elle sort immédiatement de deux fentes qui communiquent ensemble à angles droits, tracées par la nature sur le devant de la tête de la nymphe pour faciliter fa fortie, & pour donner iſſue à l'inſecte fous fa nouvelle forme. La même prévoyance fe trouve fur toutes les autres nymphes, & une fente deſtinée au même objet fe voit encore fur la partie fupérieure vers la tête des différentes cryſalides. Comme la double fente eſt en creux, la baſe de la Clavaria qui prend la forme d'un marteau eſt en relief ſolide, fans filamens & fans apparence de racines; ce qui démontre aſſez clairement que la plante eſt produite immédiatement par la matiere végétante, qui s'extravafe & pouſſe au-dehors du corps de l'inſecte. Une autre preuve de cette vérité eſt la pellicule de moiſiſſure épanouie tout à l'entour de la tête & du corfet, qui ne fait évidemment que le même corps organique avec la plante; elle fe détache très-facilement, même fans fe déchirer en la levant ſimplement avec le bout d'une lancette, & ne montre aucune adhéſion au corps de l'inſecte, en même-tems qu'elle eſt attachée intimement à la baſe de la Clavaria, & le tout fe tient uni enfemble ſubſtantiellement.

Une troiſieme remarque que j'ai faite en comparant les deux inſectes enfemble, eſt que la tête & le corfet de celle de la Figure 3, où la plante n'eſt que naiſſante, étoient beaucoup plus gros à proportion du refte du corps que ces deux mêmes parties dans l'inſecte, *Fig.* 1, dont la plante avoit pouſſé aux dépens de la fubſtance intérieure, jufqu'à huit fois, pour le moins, la longueur de l'autre. La grande différence en mêmetems du poids & du volume entre ces deux plantes, fe peut eſtimer aſſez par la comparaifon des deux Figures qui font faites d'après nature avec leurs juſtes proportions. Toutes ces considérations prises ensemble, me ramenent aux principes que j'ai établis par-tout dans ce Traité d'après un nombre d'observations, sçavoir, que toute matiere organique, animale ou végétale, qui se décompose, végete de nouveau sous de nouvelles formes organiques plus ou moins parfaites, plus ou moins vitales, selon les circonstances où elle se trouve. Dans ce point de vûe, quoique pour généraliser mes idées & pour entrer dans la métaphysique de mon sujet, je me sois exprimé autrement que M. *de Buffon* dans son Histoire Naturelle, où il s'arrête au tableau physique & sensible, c'est mal-à-propos que certains Journalistes de ce tems ont voulu nous mettre en contradiction. Je crois avoir suffisamment éclairci ce point dans le cours de mes remarques sur M. *Spalanzani*, pour être très-bien entendu de tous ceux qui sont au fait de ces matieres. Je n'écris pas pour tout le monde ; mon sujet n'est pas de cette nature, non plus que les infiniment petits en mathématique, ni l'attraction Neutonienne en Astronomie ; mais quoique mes nouvelles observations microscopiques puissent pécher du côté d'une distribution claire & bien méditée dans les différentes matieres qu'elles renferment, de sorte que ce que *Horace* appelle le *lucidus ordo*, tant recherché en France, ne s'y trouve pas dans la plus grande rigueur, je n'ai pas manqué dans tous les pays de l'Europe de trouver plusieurs Sçavans qui ont parfaitement compris l'étendue & la vérité de mes principes avec leur application juste & générale aux phénomenes & la force de mes raisonnemens. S'il a plû à M. *Clément*, Auteur d'une certaine prétendue *Année Littéraire* de sortir des bornes de son Titre pour s'élancer dans les régions de la Philosophie, & d'appeller Métaphysique inintelligible ce qu'il n'entend pas, & même *Alchymie Métaphysique*, par une Figure inconnue aux Orateurs, ce que j'ai écrit dans le tems, sa critique peut servir à prouver que ces choses jettoient une lumiere trop éclatante & trop vive qui offusquoit sa foible vûe, mais elle n'ôte point pour cela leur prix aux yeux du vrai Philosophe & du Naturaliste éclairé.

Ce que les petits esprits inventent tous les jours pour masquer leur ignorance, ne fait rien à la chose : c'est une vérité que les Sçavans, dont j'ambitionne uniquement l'approbation, m'accorderont sans difficulté, parce qu'ils sont seuls faits pour la sentir. Si un journaliste, qui pour parler pertinemment devroit tout sçavoir, n'entend pas par-tout l'Auteur dont il fait l'extrait, il ne doit pas en conclure immédiatement que cet Auteur déraisonne, parce que ses idées ne quadrent pas exactement avec les siennes, ou parce qu'elles ne se trouvent pas renfermées dans le cercle de ses propres connoissances. Le parti qu'il doit prendre en cette occasion est de ne pas s'ériger en Juge sans appel, des matières qu'il n'a jamais étudiées, mais de consulter des personnes plus éclairées que lui ; & si effectivement il ne se trouve aucun Sçavant dans une grande ville telle que Paris, qui les puisse entendre, c'est alors qu'on présumera avec raison que l'Auteur ne s'entend pas lui-même. Personne ne me soupçonnera certainement de vouloir faire ici une comparaison entre des choses fort disparates ; chacun travaille comme il peut ; mais que seroit devenu le fameux livre des principes du grand *Neuton*, si le jugement qu'auroit pû en porter un Journaliste, à sa première apparition dans le monde, avoit dû être regardé comme abfolument décifif ? Je peux au moins me flatter, qu'en mettant de côté ma petite réputation, qui eft fans doute de bien peu de poids dans le monde Sçavant, on voudra bien, par égard pour le nom feul de M. *de Buffon*, le plus célébre & le plus Sçavant des Naturaliftes & des Philofophes de nos jours, nous faire l'honneur de croire que peut-être nous nous entendons nous-mêmes. Après tant de recherches, un travail opiniâtre, & des examens fuivis & faits enfemble pendant le cours de plufieurs années, qu'il nous foit permis de demander que l'on nous faffe la grace de préfumer que nous connoiffons affez bien la nature, l'étendue & les conféquences de nos découvertes pour fentir l'accord parfait de nos principes.

Je dois ici rendre juftice à M. le Docteur *Maty*, de la Société Royale, un des Gardes du cabinet de l'Hiftoire Naturelle à Londres, & Auteur du Journal Britannique; il a donné dans le tems un précis jufte de nos obfervations communes & de mes principes en homme intelligent; ce Philofophe a très-bien fenti que ce que j'avois donné n'a été qu'une extenfion des vues de M. *de Buffon*, dont je refpecterai l'amitié conftante & les lumieres toute ma vie, & il n'a jamais trouvé entre nous deux l'ombre même de la contradiction. Que cela foit dit en paffant, tant pour remédier aux erreurs paffées fur cette matiere que pour prévenir les nouvelles que ce traité peut faire naître à l'avenir. Je reviens à mon fujet dont je ne me fuis écarté que malgré moi pour mettre mon lecteur au fait d'une vérité intéreffante que l'on a obfcurcie par pure ignorance.

La Planche 7 contient une efpece finguliere & rare

d'un Polype d'eau douce en forme d'arbrisseau ; il a été découvert à Bruxelles pendant le séjour que j'y ai fait vers l'année 1758 : je le donne au public, en copiant exactement celui dont l'Observateur m'a fait présent, qui, quoique rare alors dans cette ville, n'a jamais été rendu public par personne. Il présente non-seulement un objet très-curieux & très-intéressant pour les Naturalistes, mais le zoophyte qu'il renferme sous toutes ses métamorphoses, devient une preuve très-claire & très-évidente de la végétation qui s'exalte en corps organique & vital : ce n'est qu'en trouvant ces deux especes de vie, qui ne sont distinguées qu'idéalement, (si nous prenons les choses à la rigueur) mais unies ensemble dans le même sujet organisé, qu'un Physicien peut démontrer sensiblement que la pure vitalité, pendant qu'elle parcourt une certaine classe déterminée d'êtres qui ont la propriété de se multiplier par division, n'est en effet qu'un mode de la végétation. De plus les phénomenes qu'on y observe, & dont je vais présenter le détail, s'étendent non-seulement à tous les êtres microscopiques, en y comprenant les polypes, mais aussi à toute espece de corps organique qui se divise pour se propager, & particuliérement à tous les coraux, coralloides, madrépores, &c. dont il peint admirablement bien la nature, la construction, les propriétés & l'espece de vie qui, selon moi, n'est pas sensitive ; en tout cela je suis parfaitement d'accord avec M. *de Buffon*, & comme je me le persuade avec la nature.

La lettre *A* de la premiere Figure, *Planche* 7, indique le zoophyte agrandi par une loupe un peu forte ; il a la forme d'un arbrisseau avec son tronc, ses branches, ses polypes *BBB*, ses œufs *CCC*, en forme de fruit ; le tout est déployé, comme il se montre quand il est tranquile, pendant que ses polypes à bouches ouvertes, ou ses parties les plus vitales, travaillent avec des mouvemens continuels à trouver de la nourriture de tous côtés pour la fournir ensuite au corps du zoophyte. *D* marque une espece d'intestin renfermé dans le tronc de l'arbrisseau.

La seconde Figure présente une section du tronc *A*, & une partie de l'intestin *D*, avec la base de l'arbrisseau, par laquelle le zoophyte s'attache à tout ce qu'il rencontre de fixe pour s'y arrêter.

La Figure troisieme contient deux polypes *B B* avec leurs branches, agrandis considérablement.

La quatrieme Figure est un œuf *C* beaucoup plus gros que la nature.

La cinquieme Figure représente le même zoophyte contracté. Le tronc *A* courbé par trois différentes infléxions en sens contraire, & ses branches avec leurs polypes *FFF* toutes retirées en forme de grappes de raisin.

Enfin la sixieme Figure montre le même zoophyte, comme le corail, & autres corps marins, après qu'ils ont été quelque tems hors de la mer, mort, desséché, privé de toutes ses parties vitales. Les branches ou la partie strictement végétale est restée, mais ses polypes qui tombent successivement, se séparent aussi-bien que les œufs après un certain tems, & servent comme de semences pour produire de nouveaux zoophytes de la même nature.

Après avoir considéré tous les différens changemens qui arrivent à cette espece de polypier, on doit naturellement en conclure que le tout ne fait qu'un seul être organisé, uni substantiellement dans toutes ses parties, qui se nourrissent conjointement avec tout le corps. Là même vie avec la même nourriture le parcourt & le soutient par une circulation continuelle des sucs, entretenue dans toute sa longueur. Cette observation démontre que les idées que je me suis formées sur les coraux, les coralloides & autres zoophytes marins dont la substance est molle, pliante & gluante quand ils sortent immédiatement de la mer & dont j'ai parlé ci-dessus, sont justes & exactement conformes à la nature : ces corps marins ne sont, comme les Naturalistes l'ont imaginé jusqu'à ce jour, ni des plantes semées de pores en grand nombre où les polypes se placent, ni des républiques d'animaux qui bâtissent des cellules pour s'y loger, comme les abeilles, mais ils sont à la rigueur de vrais zoophytes, dont toutes les parties ensemble ne contiennent qu'un seul & même corps organisé, moitié végétal, moitié vital ; ce qui prouve très-positivement ce grand principe général, établi par tant d'observations dans l'Histoire Naturelle de M. *de Buffon* & par mes découvertes microscopiques, que la vitalité est un genre de vie totalement distingué de la vie sensitive appartenant à une très-grande classe d'êtres organisés qui ne sont nullement des animaux, mais une puissance renfermée parmi les propriétés de la matiere & un mode de végétation. Enfin il est impossible de peindre les différens états de tous ces corps organisés qu'on tire de la mer avec plus de vérité qu'on ne les trouve ici dans cette Planche, sous les figures données, qui représentent les formes diverses de ce polypier d'eau douce. On entendra très-bien la nature & les qualités de cette puissance, que j'appelle vitalité, comprise parmi les propriétés d'une matiere qui s'exalte, fans jamais pouvoir devenir fenfitive, quand je dirai, ce que l'on peut éprouver foi-même tous les jours, que la tête d'une guêpe, après avoir été féparée du refte du corps, conferve encore cette vitalité pendant un très-long-tems, & exerce même toutes fes fonctions naturelles en fuçant du fyrop qu'on lui préfente fans s'appercevoir que le corps lui manque. La même chofe s'obferve dans la partie poftérieure de cet infecte féparée de même du refte du corps, dont l'aiguillon s'élance contre ce qui l'irrite, exactement comme fi l'infecte étoit dans fon entier. C'eft encore l'irritabilité de M. *Haller*, vrai principe de vie & la fource de mille opérations réglées avec un artifice admirable par la Divinité, qu'on appellera inftinct, fi l'on veut, où la fenfation n'a aucune part. C'eft l'origine de toutes les paffions qui nous viennent du corps, & qui préviennent la raifon, & qui, quand elles font dans leur plus grande force, éteignent très-fouvent, comme nous l'éprouvons, la fenfation ; c'eft enfin l'âme végétative des plantes, & même en quelque façon le moteur principal dans les animaux, qui ne s'élévent jamais, comme l'homme au-deffus des objets fenfibles, dont les anciens Péripatéticiens, Sectateurs d'*Ariftote*, appercevoient très-bien la réalité, & qu'ils croyoient fortir, comme ils s'énoncent, *des puiffances de la matiere.*

J'ai encore un mot à ajouter relativement au même objet fur une découverte que M. *Guettard*, de l'Académie Royale des Sciences a faite, & dont il donne la defcription *page* 80 du premier Tome de fes Mémoires fur différentes parties des Sciences & des Arts. Cet habile Naturaliste à trouvé fur une plante du genre des efpargoutes, de petits corps parfemés & liés enfemble, qu'il auroit pris facilement pour une de ces efpeces de moififfure, dont *Micheli* a fait graver plufieurs, fi leurs mouvemens variés, qu'il n'a jamais obfervés dans les moififfures, ne l'avoient point déterminé à les regarder comme une efpece de très-petits polypes terreftres. Ces corps n'ont gueres qu'une ou deux lignes de longueur ; ils jettent plufieurs ramifications, qui font très-fouvent chargées de globules de la même efpece.

Dans la Préface de fon livre, M. *Guettard* parle des mouvemens conftans que plufieurs Naturaliftes ont obfervés dans le *Conferva*, ou le lin aquatique & dans le *Tremella*, dont nous avons parlé ci-devant, en citant les remarques de M. *Adanfon*. M. *Guettard* panche pour attribuer fes mouvemens, qui certainement dépendent d'un principe intérieur, plutôt à des caufes extérieures & à des raifons méchaniques. C'eft éviter un extrême pour tomber dans un autre, que de paroître croire qu'il n'y a aucun milieu entre l'abfurdité de faire partir ces mouvemens continuels dans les plantes d'une volonté, comme il s'exprime, ou d'un fentiment intérieur, & la pure méchanique, felon l'acception commune de ce terme. Ce milieu eft la vitalité qui n'eft jamais par elle-même fenfitive & qui ne peut avoir aucune volonté, dont nous avons tant parlé & foutenu les droits, dont l'irritabilité de M. *Haller* n'eft qu'un mode, & elle-même par exaltation, comme nous avons dit, qu'un mode de végétation. C'eft à ce principe qui fert à unir la plante avec les corps organifés vitaux fans fortir de

la

ligne de matérialité, que je ramene non-feulement
 plantes vitales, mais même ce que M. *Guettard*
pelle ici une efpéce de polype terreftre.

A force de multiplier les obfervations, les Natura-
tes trouveront avec le tems beaucoup moins de diffi-
lté pour adopter mon opinion, quand ils auront remar-
ué que cette efpéce de moififfure, ou polype terreftre,
eft pas la feule qui ait les mouvemens dont nous par-
ns, & lorfqu'ils fçauront, par des expériences réitérées,
ue prefque toute forte de moififfure quelconque, infu-
e dans l'eau, devient vitale, & fe partage enfuite en
 que l'on nomme communément animaux microfco-
iques. C'eft toûjours le même principe végétant qui
pére dans les deux cas, mais qui s'accélére, & devient
finiment plus actif par la ductilité de la matiere dont
eau diffout les parties. Voyez mes Obfervations microf-
opiques.

Je finirai cette longue remarque par une nouvelle dé-
uverte de mon Auteur M. *Spalanzani*, dont j'eftimerai
ûjours les talens & l'induftrie, quoique nous ne foyons
s d'accord fur plufieurs articles. Cette découverte vient
être rendue publique par une lettre du célébre P.
ofcovich à M. *de la Condamine*, & qui a été lue dans
e affemblée de l'Académie des Sciences.

M. *Spalanzani* a coupé la tête à un limaçon; quelques
maines après une nouvelle tête lui eft revenue, auffi
rfaite que la premiere. Je fuis d'autant plus charmé de
miner mes obfervations fur mon Auteur par cette ex-
rience, qu'elle lui fait honneur en même-tems qu'elle
tre parfaitement dans les principes que nous avons
blis: leur univerfalité eft d'autant mieux conftatée

S

par cette obfervation, que la tête d'un limaçon, qui a fes cornes mobiles, fes lévres mufculaires, fa bouche, fes dents, fa mâchoire, fes inftrumens de déglutition, & même, comme hermaphrodite, le double organe de génération du mâle & de la femelle placé au col, eft beaucoup plus compliquée que la tête d'un polype, d'un vermiffeau, ou d'aucun autre zoophyte qui répare fes parties perdues & fe propage par divifion. J'ai donné là-deffus une idée affez fenfible de la configuration néceffaire qui naît de certains principes intérieurs mis en mouvement, qui fe déployent par la comparaifon des figures déterminées que nos Artificiers produifent tous les jours, comme ils le veulent, en combinant les forces connues des matériaux dont leurs fufées & autres machines font compofées * ; on n'a qu'à appliquer cette comparaifon aux forces végétantes & vitales, qui, d'une matiere toûjours donnée & préparée, forment, vivifient, nourriffent & développent tous les corps organifés.

Mais afinque les Phyficiens jugent par eux-mêmes de l'application jufte & néceffaire de mes principes aux phénomenes de la divifibilité vitale, je crois qu'il fera très-à-propos d'ajoûter ici divers extraits que j'ai faits du *Profpectus* d'un nouveau Ouvrage que M. *Spalanzani* promet au public.

* On nous affure que les Artificiers Chinois imitent dans leurs feux toutes les formes différentes de vignes avec leurs branches, leurs feuilles & leurs grappes de raifin, des pommiers, d'autres arbres quelconques, d'une maniere fi parfaite que l'on peut en reconnoître les efpéces. Voyez le Pere *du Halde*.

Le Ver de terre.

« 1°. M. *Spalanzani* a coupé la queue d'un ver, ou la partie postérieure de cet insecte, & a observé que la partie de la tête a reproduit une nouvelle queue ; mais que la force reproductrice a certaines limites, de façon que la section ayant été faite trop près du bout de la tête, la réproduction de la queue n'a pas eu lieu ».

Remarque. Lorsqu'un corps organisé, qui pendant son intégrité ne fait qu'un seul système de vitalité non interrompu, est divisé en deux ou en plusieurs portions, les parties insensibles, dont chacune est animée à part, commencent à se décomposer en se volatilisant du côté de la blessure, si elles ne sont pas retenues & rappellées par une puissance supérieure à la leur, qui peut ensuite concentrer leurs forces pour agir de nouveau avec concert. Le remede que la nature a préparé contre la dissolution totale d'un corps partagé, est la faculté que les vaisseaux ont, par leur élasticité, de se fermer en se contractant pour fixer les parties volatiles, & arrêter la perte des sucs nourriciers. Si la partie vitale qui reste n'est pas douée d'une force suffisante, à raison de son peu de masse pour comprimer, retenir & rappeller les sucs, elle ne fait que languir en se relâchant de plus en plus. La conséquence est que non-seulement la nouvelle réproduction n'aura pas lieu, mais que les parties sensibles se décomposeront, & tomberont en pourriture. Il n'est donc pas étonnant que la force réproductrice, dont la puissance est toûjours en raison de la masse animée, & de la quantité vitale qui reste, ait ses limites, comme le remarque notre sçavant Physicien. Un ver écrasé ou réduit en poudre pourra-t-il renaître dans chaque partie insensible, quoiqu'animée à part, comme les Anciens prétendoient que le phénix renaissoit de ses cendres ? la masse vitale réproductrice est donc nécessairement limitée dans sa quantité par la nature même du corps organisé.

» 2°. L'Auteur a trouvé que la réproduction de la
» queue, ou partie postérieure du ver, réussissoit égale-
» ment bien dans nombre de différentes especes de vers
» terrestres, mais qu'il y avoit une différence de tems
» pour la réproduction complette de cette partie d'une
» espece à une autre «.

Remarque. C'est une conséquence nécessaire des différens tempéramens de ces corps organisés par la combinaison très-différente, selon les especes, de deux forces simples, la résistante & l'expansive, qui constituent le dégré d'activité dans la puissance végétatrice, & qui la composent.

» 3°. Une espece de ver de terre s'est présentée ici
» tout-à-fait différente quant à sa maniere de reproduire
» ses parties, de tout ce qu'on a observé jusqu'à présent
» dans tous les corps organisés «.

» 4°. Quant à la réproduction de la tête, l'Auteur
» découvert qu'ayant coupé un certain nombre d'anneaux
» de la partie antérieure de l'insecte, elle a eu lieu dans
» tous les vers de terre sur lesquels il a fait des expé-
» riences «.

» 5°. Mais si l'on coupe avec la tête un nombre con-
» sidérable d'anneaux, alors la réproduction de la tête
» n'a lieu qu'après un certain tems, & même très diffi-
» cilement, ou point du tout dans certaines especes
» vers de terre «.

» 1ᵇ. Lorsque l'on coupe peu d'anneaux avec la tête, la nouvelle partie est égale à-peu-près à l'ancienne, mais lorsqu'on en sépare un grand nombre, la tête reproduite est plus courte, & composée d'un moindre nombre d'anneaux que celle que l'on avoit coupée «.

Remarque. Toutes ces observations démontrent non-seulement que les parties reproduites sont formées de nouveau par une disposition organifique de la matiere vitale, mais aussi que la force réciproque est toûjours en raison de sa masse, ou de sa quantité comparée avec l'effet qu'elle doit produire, comme nous l'avons établi ci-dessus dans la premiere remarque.

» 7°. M. *Spalanzani* ayant cherché si la réproduction d'une petite portion de la tête étoit la premiere à paroître avant une pareille portion de la queue, il a trouvé que la tête se reproduisoit la premiere «.

Remarque La tête de tout être organisé étant ce qu'il y a de plus actif, de plus vital, & composé de vaisseaux très-fins & très-deliés, il n'est pas étonnant qu'elle se forme avant la queue. L'action réproductrice travaille avec d'autant plus de vîtesse, que les parties qu'elle forme sont infiniment moins massives, & la matiere dont elles sont formées, plus vitale & plus exaltée en raison de son peu de résistance. Dans la formation du poulet, les deux parties qui se montrent les premieres sont la tête & le cœur.

» 8°. La réproduction de la tête, lorsque l'on coupe avec elle beaucoup d'anneaux, tarde aussi beaucoup à paroître; mais lorsque l'on en coupe seulement une petite portion, alors la nouvelle tête reparoît en fort peu de tems «.

» 9°. Les parties intermédiaires, privées de leur tête &
» de leur queue, reproduisent les deux parties dont elles
» avoient été privées. De plus si on en a coupé peu
» du côté de la tête, celle-ci paroît la premiere & la queue
» ne vient qu'après.

» 10°. La réproduction de la tête, qui manque aux
» parties intermédiaires, paroît plus difficile que celle
» de la queue. Souvent elle ne se reproduit pas du tout,
» mais un commencement de queue se montre toûjours,
» qui, tôt ou tard, quand la tête ne revient pas, meurt
» avec la partie intermédiaire «.

Remarque. Il n'est pas étonnant pour qui considere
l'organisation très-complexe & très-vitale de la tête,
qu'elle se reproduise avec plus de difficulté & plus de
risques que la queue, quoique l'opération se fasse avec
beaucoup plus de vîtesse lorsqu'elle réussit.

» 11°. On remarque que de deux parties extrêmes
» dont on a privé un ver de terre, la queue vit plus
» long-tems que la tête «.

Remarque. C'est encore l'organisation très-complexe
& très-délicate qui en est la cause.

» 12°. L'Auteur a observé que dans la grande artere
» du dos, qui porte le sang de la queue à la tête, le
» sang conserve sa premiere direction dans les parties
» coupées, soit de la tête, soit de la queue, ou même
» de la partie intermédiaire. Le même phénomene a lieu
» dans des sections qui n'excedent pas une ligne en lon-
» gueur «.

» 13°. La force réproductrice ne s'épuise pas dans la
» premiere réproduction; au contraire, si l'on persiste
» à couper les nouvelles parties reproduites, une seconde

» réproduction fuit la premiere, une troifieme la feconde,
» & ainfi de fuite «.

» 14°. Non-feulement M. *Spalanzani* a eû des répro-
» ductions fucceffives, mais même il les a obtenues après
» avoir fait de nouvelles fections des parties reproduites,
» jufqu'à la quatrième fois. Par-là il a découvert que la
» force réproductrice exiftoit non-feulement dans l'an-
» cien corps, mais auffi dans le nouveau qui venoit de
» fe reproduire «.

» 15°. Quant aux organes, ou parties d'organes, qui
» fe reproduifent de nouveau dans les vers de terre, à
» mefure qu'on les en fépare, il a trouvé ceux des deux
» féxes dans chaque individu, fçavoir les artères & les
» veines avec leurs communications, les mufcles, les
» inftrumens de la refpiration, le ventricule, l'éfophage
» & les inteftins «.

Le Ver aquatique de batteau.

» 1°. Ce ver eft compofé d'anneaux comme celui
» de terre. Il refte dans l'eau douce, claire & dormante.
» La partie antérieure de cet infecte eft plongée perpen-
» diculairement dans la boue, & la queue refte à fleur
» d'eau, en fe rangeant en forme de batteau «.

» 2°. Toutes les parties de ce ver fe reproduifent
» comme celles du ver de terre. La feule différence eft,
» que cette opération, dans le ver de batteau, eft beau-
» coup plus prompte, & qu'elle fe fait même en hiver
» La réproduction de la tête précède celle de la queue,
» & ce phénomene a lieu, fans s'affoiblir, dans les par-
» ties déja reproduites que l'on coupe de nouveau «.

Remarque. En général il y a plus d'humidité, & de

ductilité dans la substance organique des insectes aquatiques, & par conséquent moins de résistance dans les parties qui s'arrangent plus aisément que celles des insectes terrestres. Ainsi il n'est pas étonnant que la réproduction s'opére avec plus de vîtesse & de facilité.

Les Têtards.

» 1°. Si l'on coupe aux têtards la queue en entier, » ou presque en entier, ils tombent au fond de l'eau, où ils » restent sans mouvement, & périssent faute de pouvoir » chercher leur nourriture. Mais si l'on n'en coupe qu'une » petite partie, elle se reproduit dans tous en général, » & il n'en meurt aucun «.

» 2°. Si l'on coupe la queue d'un têtard fort jeune, » la réproduction se fait en très-peu de tems, & dans » un jour d'été le progrès en est très-rapide. Non seu-» lement la partie reproduite se trouve bientôt égale à » celle qui a été coupée, mais la queue entiere devient » aussi grande que celle des têtards du même âge qui » n'ont pas été mutilés «.

» 3°. La réproduction des parties est au contraire plus » lente dans les têtards plus avancés, de façon qu'il » paroît constant que la force réproductrice agit toû-» jours, & s'augmente en raison inverse de l'âge du » têtard «.

» 4.°. Pendant le tems de la réproduction de la queue, » le corps du têtard cesse de grossir dans ceux qui sont » d'un âge plus avancé ; l'animal grossit médiocrement » s'il est moins avancé, & beaucoup s'il est dans l'en-» fance. La réproduction paroît se faire par un allon-» gement des parties anciennes «.

Remarque. Si tous ces phénomenes s'exécutoient par un simple développement des parties déja préformées, comme le prétendent les Défenseurs des germes préexistans, il me semble que plus qu'il y a de ressort dans un corps organisé, comme il y en a toûjours dans les corps adultes, plus il y aura de vîtesse dans le développement ; nous voyons cependant, par les observations précédentes, que le contraire arrive constamment. De-là je conclus entierement pour le système de l'épigenese, qui demande une nouvelle disposition substantielle des parties insensibles pour la reconstruction des organes entierement nouveaux. Non-seulement la force réproductrice doit être plus active, & plus vitale dans des sujets nouveaux nés, mais la ductilité des parties est beaucoup plus considérable, & la résistance bien moindre.

» 5°. L'Auteur a examiné les œufs des grenouilles qui
» avoient été fécondés, & il les a trouvés composés d'une
» matiere blanchâtre tirant sur le jaune, dont les par-
» ties sont globuleuses, sans apparence d'aucune liai-
» son entr'elles, ou continuité organique quelconque.
» Il a examiné de même, avec la plus scrupuleuse atten-
» tion, les œufs non fécondés, & il n'y a trouvé aucune
» différence sensible, quant aux parties ou à leur dispo-
» sition entr'elles, & les œufs qui avoient été fécondés
» par le mâle «.

Remarque. Il est très-naturel de conclure de cette comparaison, puisqu'on ne trouve rien d'organisé dans les œufs fécondés, non plus que dans ceux qui n'ont pas encore reçu la semence du mâle, que le jeune têtard n'existe pas dans l'œuf avant que les parties insensibles se disposent autrement par un changement substantiel.

Tous les principes nécessaires à la production du corps organisé du têtard y sont; la semence du mâle y ajoûte sans doute un esprit invisible, mais il échappe tellement à nos observations, qu'on ne remarque, avec les meilleurs microscopes, aucune différence entre les œufs qui sont fécondés, & ceux qui ne le sont pas. L'Auteur, loin d'adopter ce raisonnement, croit qu'on doit conclure de ce qu'on ne trouve rien d'organisé dans les uns ni dans les autres, que le corps du têtard préexiste dans l'œuf avant la fécondation. C'est une assertion positive fondée sur une négation & une pure pétition de principes, que certainement aucun Epigenésiste ne lui accordera jamais.

Voici sa façon de raisonner sur ce sujet, & d'après ses propres paroles. » Les œufs non fécondés ne diffé» rent aucunement des œufs fécondés : mais les fécondés » ne sont autre chose que les têtards resserrés & con» centrés en eux-mêmes, & l'on doit dire la même » chose des œufs non fécondés; donc les têtards préexis» tent à la fécondation, & n'ont besoin de la semence » du mâle que pour les développer «.

J'abandonne à tout Lecteur les réflexions que l'on peut faire sur ce raisonnement.

Les Limaçons & les Limaces terrestres.

» 1°. Les limaçons reproduisent leurs cornes, si on » les coupe, en entier, ou en partie, & autant de fois » que l'on voudra répéter l'expérience «.

» 2°. Si l'on coupe entierement la tête d'un limaçon, » il s'en reproduit une autre avec les mêmes organes » précisément que ceux de l'ancienne. Dans les vers de » terre, cette réproduction des parties, dont la tête &

» le col de l'infecte font compofés, fe fait enfemble,
» & dès le commencement la tête entiere paroît en for-
» me de bouton, mais dans les limaçons, la tête, & le
» col avec leurs organes fe reproduifent par parties fé-
» parées, qui fe réuniffent après pour former un tout
» organique «.

» 3°. Ces réproductions ont lieu indifféremment dans
» toutes les efpéces de limaçons «.

» 4°. Les limaces ont la même facilité que les lima-
» çons ordinaires pour reproduire leurs cornes ; mais
» quand à la puiffance réproductrice de la tête, elles
» y parviennent difficilement «.

Remarque. La difficulté que l'on trouve dans les limaces pour la réproduction de la tête, provient fans doute
de ce qu'elles font fans coquille, expofées au defféche-
ment par le grand air qui les touche de tous côtés, &
fait évaporer par la tranfpiration les fucs nourriciers.
Les limaçons au contraire, auffi-tôt qu'on leur coupe la
tête, rentrent dans leur coquille, & en ferment l'ouverture par un couvercle d'une matiére vifqueufe & gluante.
Peut-être que, fi l'on mettoit entre deux verres concaves
bien maftiqués enfemble, les limaces mutilées, & fans
les gêner, elles reproduiroient de même leurs têtes, comme les limaçons ordinaires.

La Salamandre.

» 1°. Les pattes de la falamandre étant coupées en
» partie en tel endroit que l'on voudra, ou entierement,
» de façon qu'elles foient féparées à l'articulation qui
» les unit au corps, elles fe reproduifent de nouveau.
» La réproduction a lieu, fi on leur ôte plufieurs pattes

» en même-tems, & même si on les leur arrache toutes
» quatre : si la section se fait sur une seule partie,
» comme sur la moitié de la patte, la force réproduc-
» trice leur rendra précisément la partie qu'elles vien-
» nent de perdre ; mais si on l'arrache en entier, quoique
» jusqu'à l'articulation, le tout se formera de nou-
» veau «.

» 2°. Quand les pattes sont enlevées entierement avec
» l'articulation, les nouvelles égalent en dimension, &
» avec les proportions les plus exactes, celles que l'a-
» nimal vient de perdre ; mais si l'on n'en enléve qu'une
» certaine portion, il se fait une soustraction précisé-
» ment au point où la nouvelle partie s'unit avec l'an-
» cienne. Ce défaut n'a pas lieu dans la petite espece
» de salamandre, en la prenant à tout âge, non plus
» que dans les jeunes individus de la grosse espece «.

» 3°. La réproduction se fait toûjours avec plus de
» vîtesse, en raison inverse de l'âge du sujet. C'est une
» regle générale «.

» 4°. Dans la réproduction des parties enlevées, la
» nature fait ce qu'elle a à faire à-peu-près dans le même
» tems, soit qu'il lui manque une patte entiere avec
» ses griffes, ou les griffes seulement «.

Remarque. La raison est, je crois, que la force réproductrice, quoiqu'elle opére sur un plus grand plan quand
elle forme une patte que quand elle fait seulement quelques griffes, cependant elle emploie plus de mouvement
& de matiere qu'elle ne peut en employer sur un plan
plus petit pour ne former que des griffes, & que tout
est en proportion du côté de l'effet qu'elle produit. Cette
idée ne peut pas, comme il me semble, s'appliquer au

simple développement des parties, parce que la quantité du développement est toûjours en proportion du nombre des parties développés. C'est ainsi qu'entre deux especes de végétaux de classe différente, la plus grande en dimensions naturelles peut végéter avec autant de vitesse que la plus petite. Ce phénomene n'est pourtant qu'un cas particulier & un effet du tempérament, car en général la nature emploie plus de tems à former les plus grands corps organisés, & par la même raison à faire le tout, qu'une partie.

„ 5°. Le nombre des os, ou osselets, dans les quatre
„ pattes de la salamandre monte à quatre-vingt-dix neuf,
„ qui se reproduisent exactement avec les deux peaux
„ extérieures & intérieures, les glandes, les muscles,
„ les nerfs, les veines & les arteres ; mais si on ne
„ tire seulement qu'un certain nombre déterminé de ces
„ os, ou osselets, ce nombre se reproduira de nouveau
„ avec la plus grande exactitude. Si la section se fait
„ au milieu d'un os solide, la partie qu'on enléve, se
„ reproduit de façon que les fibres longitudinales de ce
„ qui paroît de nouveau, suivent précisément la direc-
„ tion de celles dont la partie qui reste, est composée,
„ en un mot les parties nouvelles de toute espece ne
„ sont qu'une prolongation des anciennes «

„ 6°. Si on enleve les nouvelles pattes que la nature
„ vient de former, elles se reproduiront toûjours indé-
„ finitivement. L'Auteur a suivi cette opération jus-
„ qu'à six reprises, sur les quatre pattes, & en même-
„ tems sur la queue des jeunes salamandres, dans les-
„ quelles la réproduction est beaucoup plus prompte pen-
„ dant les trois mois de Juin, Juillet & Août. Par ce

» moyen il a compté jusqu'à six cens quatre-vingt-sept
» os nouveaux, reproduits sur un seul sujet. Il croit même
» que si un Observateur vouloit commencer ces opéra-
» tions au mois d'Avril, & les continuer jusqu'à la
» fin de Septembre sans interruption, il seroit possible
» d'avoir en douze réproductions, jusqu'au nombre de
» treize cens soixante & quatorze osselets nouveaux. On
» n'ira pas plus loin dans la même année, parce qu'en
» hiver la force réproductrice ne travaille pas «.

» 7°. L'Auteur a fait encore plusieurs autres obser-
» vations particuliéres sur la réproduction des queues
» dans les salamandres, sur leurs mâchoires qui se re-
» produisent de même avec toutes leurs dents; sur les
» pattes des crapauds & des grenouilles, où la même
» force réproductrice a aussi lieu, quoiqu'elle ne tra-
» vaille pas avec la même vîtesse, ni avec la même
» facilité ou la même constance, comme dans les sala-
» mandres; mais il est inutile d'entrer ici dans le détail
» de tout ce qu'il a fait; ce que nous venons d'extraire
» suffit pour donner une idée complette de la nature de
» la régénération des nouvelles parties dans certains
» corps organisés, & de l'étendue de la puissance répro-
» ductrice avec les regles générales qu'elle paroît suivre
» dans ses opérations «.

Remarque. Après avoir considéré attentivement tous les phénomenes précédens, peut-on désirer une preuve plus complette du changement substantiel, & de la nouvelle disposition des parties insensibles, ou des sucs nourriciers qui se moulent & s'ajoûtent aux anciennes parties, en les prolongeant lentement pour s'arrêter à une figure organiquement déterminée, comme nous l'avons expliqué ci-deſſus, & ſpécifique pour le corps dont elles ſont les parties ? Le ſeul ſyſtême de l'épigeneſe peut renfermer tous ces phénomenes ſi variés, en même-tems qu'ils ſont conformes aux circonſtances, à moins que l'on ne veuille dire que chaque partie inſenſible eſt à la fois la tête & la queue, ſelon l'occurrence, ou en petit telle portion de l'inſecte que l'on voudra, qui ſe développe enſuite en ſe conformant très-exactement aux caprices de l'opérateur. Pourvoir ainſi les corps organiſés d'un magaſin indéfini de parties, & des parties même des parties à volonté, afin de répondre à toutes les circonſtances poſſibles, me paroît un monſtre en Phyſique plus incompréhenſible, pour ne rien dire de plus, que toutes les qualités occultes de nos anciennes Ecoles, & plus compliqué infiniment que les principes homoiomériques d'*Anaxagore*.

M. *Wartel*, Chanoine Régulier de l'Abbaye de Saint Eloi, & de la Société Littéraire d'Arras, a obſervé que les limaçons vivent très-long-tems privés des parties qui paroiſſent eſſentielles à la vie des animaux. Vers la fin du mois d'Octobre 1767, ce Phyſicien coupa la tête à pluſieurs limaçons, qui d'abord ſe renfermerent dans leur coquille, & en bouchent l'ouverture comme s'ils euſſent été entiers ; ce fut avec ſurpriſe que dans le mois de Mai 1768, il vit ſortir ces animaux de leur coquille pleins de vie, mais ſans tête. Il ſuffiſoit de les expoſer pendant quelque tems au ſoleil pour les engager à ſe montrer hors de leur coquille ; mais M. *Wartel* ne croit pas que la réproduction de la tête des limaçons ſoit poſſible, d'autant plus qu'après ſes expériences aucun de ces animaux n'a recouvré la tête qu'il avoit perdue, & que les cornes n'ont pas même reparu dans ceux à qui il les avoit coupées *.

Comment concilier les expériences de M. *Wartel* avec celles de M. *Spalanzani*, dont nous connoissons d'ailleurs l'application & l'habileté ? D'abord celles de M. *Wartel*, qu'on ne doit point contester, ne sont que négatives ; or mille expériences négatives, par des circonstances purement locales, ne valent pas en Physique une seule expérience positive. Déja la vitalité des limaçons attestée par M. *Wartel*, vitalité qui se soutient dans toute sa vigueur pendant sept mois en plein hiver, privée d'une partie qui paroît essentielle à la vie animale, est non-seulement une preuve dans cette espece de corps organisés du manque de sensation, comme nous l'avons établi ci-dessus, mais elle est en même-tems un préjugé très-fort en faveur de leur puissance réproductrice. Dans un systême de pure vitalité réproductive, le centre des forces est nécessairement mobile & variable en raison de la quantité de matiere qui peut s'accroître, ou diminuer; dans un systême organisé au contraire, qui renferme un principe sensitif, le point d'action est fixé immuablement par les nerfs qui se concentrent toûjours au cerveau. Dans ce dernier cas, la vitalité subordonnée au principe sensitif ne peut jamais se soutenir long-tems privée d'une partie essentielle, comme est la tête d'un animal ; dans le second cas, non-seulement elle se soutient très-long-tems, mais elle est un gage certain de la réproduction des parties qui manquent ; & si elle n'a pas été plus loin, en les reproduisant entre les mains de M. *Wartel*, il faut nécessairement attribuer ce défaut

* Extrait de l'Avant-Coureur, N°. 27, 1768.

à la saison & au climat. En été, & à Modène, où les chaleurs surpassent de beaucoup celles du pays d'Artois, ces mêmes limaçons auroient repris indubitablement leurs têtes, si ce que M. *Spalanzani* nous annonce est un fait que l'on ne doit nullement révoquer en doute.

Depuis que j'écris ce que j'ai dit ci-dessus, non-seulement j'ai fait réussir en partie l'expérience de M. *Spalanzani* sur cinq limaçons, mais différens Physiciens ont produit devant l'Académie Royale des Sciences plus de quarante de ces êtres, dont les têtes se sont réproduites parfaitement avec toutes leurs parties. Ces faits m'ont été attestés par M. *Grandjean de Fouchy*, Secrétaire perpétuel de ce Corps savant, & qui en tient les Registres.

Pour terminer tout ceci, je me citerai moi-même dans une lettre que j'ai écrite autrefois au célèbre M. *Haller*.

» Quod autem vis vitalis totam massam uniformiter à
» fine usque ad finem penetret quàm intimè, & ipsis
» compositi principiis attribuenda sit, non causis extrin-
» secis, ex hac unicâ consideratione erui poterit. Nemo,
» qui nutritionis naturam considerat, non videt, quod
» hæc operatio totam impregnet massam fingendo & ad-
» dendo in omni trium dimensionum sensu partes ana-
» logas undè extenduntur & mole, & longitudine non
» solùm contenta, sed & ipsa vasa continentia. Hinc
» jam observavimus in dissertatione de generatione, quod
» qui naturam nutritionis benè considerat facilè sibi
» persuadebit regenerari corpora de novo non irregula-
» riter, & æquivocè, sed ex datis à Creatore principiis,
» nec præexistere jam formata ab initio creationis, ut
» deinceps in suo tempore explicentur : idem quippe
» regenerationis hujus principium est, ac ipsius nutri-

T

» tionis, & si necesse sit ut existant in rerum naturâ
» vires corporeæ, & leges constantes, per quas nutriun-
» tur animalia & vegetabilia, iisdem planè viribus,
» iisdemque legibus ex matrice præexistente & specificâ,
» ad quam nutriendam refluit materia organica conti-
» nuò, regenerabuntur denuò, nec unum plus implicat
» difficultatis quàm alterum. Totam autem massam im-
» pregnat hæc vis vitalis, & expansiva extenditur in
» omni trium dimensionum sensu, sicut jam diximus,
» à maximè solido procedendo ad maximè tenue uni-
» formiter, donec victâ continuâ resistentiâ, ad tantam
» tenuitatem gradatim per vasa serpendo pervenit, ut
» causæ extrinsecæ, & præcipuè elementum aeris non
» solùm corrodat & abripiat vasorum extremitates &
» transpirata fluida, sed & ulteriori harum virium jam
» pænè victarum progressioni obstaculum invincibile po-
» nat. Hinc satis feliciter concipi & explicari potest,
» quomodo homunciones benè formati, teretes, & in se
» quasi collectis viribus fortissimi sint, è contrario verò
» qui ultrà debitam & harmonicam proportionem pro
» quantitate, & qualitate materiæ vitalis hac vi impulsi
» crescunt, sint etiam proportionaliter debiles. Agunt
» enim externa, si hæc vis consideretur ut totam per-
» means à fine usque ad finem, & penetrans massam,
» majori potentiâ in vectem longiorem, & tenuiorem,
» quàm in breviorem; & hæc consideratio eò magis
» locum habebit, si hæc vis nutritiva, simul & rege-
» nerans, cum in matricem exuberet, admittatur ut
» intrinseca primis compositi principiis. Proptereà in trac-
» tatu, quem dedi octodecim abhinc annis, necessarium
» omninò duxi principia Physica ex observationibus mi-

» croscopicis eruta usque ad Metaphysicam materiæ na-
» turam elevare, & leibnitianum systema amplecti, ut
» unicè consonum naturæ & rationi. Alia multa simi-
» liter phenomena, quæ in corporibus organicis depre-
» hunduntur, his solis principiis innixi satis aptè conci-
» pere, & explicare similiter poterimus, quæ Philosophis
» pro præsenti derelinquere planè libet «.

REMARQUES

Sur ce que j'ai dit de la Propagation de la premiere Femme, suivant le récit de Moyse, page 146.

SI l'on croit quelquefois trouver dans l'Ecriture Sainte une sorte d'absurdité apparente, elle vient plutôt de la maniere de voir les choses, que de ces écrits sacrés. *Platon* fait mention d'une ancienne tradition qui portoit que le premier homme, & la premiere femme ne faisoient, au commencement de l'espece humaine, qu'un seul corps uni physiquement, dos à dos, comme nous voyons encore de tems en tems naître des gémeaux, qui se nourrissent ainsi, & subsistent très-bien, même plusieurs années après leur naissance ; & suivant cette même tradition, Dieu les avoit séparés ensuite en deux corps distincts & parfaits, chacun selon son sexe.

La même idée (*corpus Adami biforme*) se confirme par le témoignage des anciens Rabbins, comme on peut le voir plus particuliérement dans le Dictionnaire de *Bayle*, à l'article *Eve*, & dans plusieurs Commentateurs qui ont traité cette matiere. C'est un moyen de génération renfermé dans le plan général établi par la Divinité, qui se vérifie encore dans plusieurs animaux, & qui n'a rien en soi que de très-conforme à nos principes ; la volonté de Dieu est de commencer en tout par l'unité, qui se propage ensuite ou se développe. La création primitive de la matiere avec ses ressorts intimes, qui existoit, selon *Moyse*, avant les six périodes du développement du chaos, aussi bien que le développement lui-même, est en tout & par-tout attribué à Dieu seul, *in ipso vivimus, movemur & sumus* ; l'efficacité, aussi-bien que l'existence de toutes les choses créées, provient de lui, & l'ordre avec lequel elles se développent a été établi & préordonné par lui seul. C'est pour cette raison très-philosophique, que *Moyse* dit, en parlant de ce même fait connu des Rabins, & de *Platon* par tradition, que *Dieu ayant envoyé un profond sommeil sur Adam, a pris une de ses côtes, & qu'en la revêtissant de chairs il en a fabriqué le corps de la femme.* Or le corps du premier homme étant déja formé de terre, se vitalisant & s'organisant selon les dispositions soutenues dont cette matiere avoit été douée par son Créateur, il a acquis par la nature même des principes, dont il étoit composé, le pouvoir de se propager organiquement & spécifiquement d'une maniere indépendante de l'ame spirituelle, qui lui a été surajoûtée après sa formation complette, comme *Moyse* le dit positivement. Cela posé, en suivant pas à pas l'Ecriture Sainte, il est indifférent à la nature des choses, que le germe particulier, ou le point prolifique d'où le nouveau corps devoit sortir par une végétation nourrie, fût placé dans un endroit plutôt que dans un autre, & on ne peut demander philosophiquement rien autre chose, sinon que Dieu l'ait placé convenablement à la nature déja formée en général, & aux fins qu'il se propose. Dans plusieurs êtres organiques, comme polypes & autres, dont la matiere vitale est à-peu-près également ductile par-tout, les nouveaux germes poussent de tous côtés, parce que la force végétatrice qui les pénétre entierement comme corps organiques & vitaux, trouve par-tout une certaine facilité à-peu-près égale. Mais dans l'homme, afin de partir de l'unité vitale & organique, qui alors étoit la seule de son espece, & pour produire de même la femme par végétation, (principe général qui pervade tout systême) Dieu a jugé à propos de former le premier être humain avec treize côtes complettes, ou, pour ôter toute équivoque, avec vingt-six demi-côtes unies organiquement, & substantiellement, chaque pair à sa vertèbre, dont elles ne sont en effet que des productions.

Cette conformation nous paroît toute extraordinaire, parce que nous ne la retrouvons plus dans l'espece humaine, mais elle se voit dans l'homme de bois, espece de Singe, qui approche plus de nous par son organisation que de tout autre animal quelconque; il ne lui manque, comme M. *de Buffon* l'a observé, que la simple intelligence pour le classer avec l'homme.

On conçoit très-bien maintenant que telle étant la volonté particuliére de Dieu, selon les loix qu'il avoit préétablies en cette occasion, la force végétatrice auroit pû pousser au-déhors le corps de la femme, pendant le sommeil d'*Adam*, par la treizième vertèbre qu'elle effaça avec les deux demi-côtes. Le plus ou le moins de tems qu'il faut pour une telle opération, dépendra de la volonté active, & impreſſive de Dieu, qui peut accélérer les effets naturels, & ce moyen très-ſimple de génération, néceſſaire dans l'origine des choſes dont les traces ſubſiſtent encore dans la race des inſectes, pourra, quoique l'Ecriture n'en faſſe aucune mention, s'appliquer très-bien par induction à toutes les autres eſpeces qui nâquirent dans ce tems. Or le nouveau fétus une fois formé, cette quantité de nourriture ſurabondante, qui étoit requiſe pour la formation complette du corps féminin dans toute ſa grandeur, ſe tire également, ſans ſortir du plan général de la propagation que la Divinité avoit établi, par un écoulement non interrompu de la maſſe totale du premier homme, dont le corps avoit été formé d'avance proportionnellement à cette fin par ſon Créateur. *Hoc nunc os ex oſſibus meis*, dit Adam, *& caro ex carne meâ; hæc vocabitur virago, quia de viro ſumpta eſt.* St. *Thomas* a dit à cette occaſion, *hanc coſtam adæ fuiſſe inſtar ſeminis quod individuo ſuperfluum eſt, ſed ad generationem prolis eſt neceſſarium*; & la verſion Arabe ſur les mots Hébreux qui ſont traduits dans la Vulgate, par *ædificavit coſtam, quam tulerat, in mulierem*, s'exprime encore plus emphatiquement, par *creſcere fecit coſtam ſubſtantiam in mulierem*, ce qui renferme préciſément les idées que nous venons d'expoſer.

Il n'y a rien en tout cela qui ſoit contraire à la bonne Philoſophie pour ceux qui conſidérent les principes végétans de la génération dans toute leur étendue, par leſquels ſeuls on explique les phénoménes des polypes, & plusieurs autres découvertes microscopiques faites dans ces derniers tems. Les Philosophes qui croiront devoir regarder cette opinion comme absurde, parce qu'elle paroît choquer les idées qu'ils se font faites sur ce qu'ils voyent actuellement, doivent se souvenir que les phénomenes des polypes, à la premiere anonce, leur ont paru également faux & ridicules ; mais le tems & un peu de réflexion nous réconcilient à la longue avec la vérité qui prévaudra toûjours.

Ceux *qui ont trop d'esprit pour m'entendre* *, trouveront le tableau, que je viens de faire d'après *Moyse* & la nature, un peu singulier, mais il faut que le Spectateur en cherche le vrai point de vuë ; & s'il l'examine dans cette situation avec l'attention qu'il mérite, en le confrontant avec les paroles de l'Ecriture Sainte, & les découvertes modernes, il ne s'éloignera pas beaucoup de ma façon de penser.

Rien ne prouve plus sensiblement l'absurdité de ces prétendus Philosophes, qui veulent que tout soit fait au commencement, & se gouverne ensuite par le hasard, que la proportion constante & invariable qui se soutient par toute la terre dans la propagation de l'espece humaine entre le nombre des mâles & femelles. Je dirai encore plus, il n'y a pas, même dans la constitution méchanique & organique de ce monde, aucunes causes physiques assez puissantes par elles-mêmes sans la providence particuliére de Dieu, qui les dirige immédiatement, pour fixer invariablement cette même proportion qui subsiste dans le même état depuis la création. Le célébre

* Voyez les Lettres familieres de Montesquiou, où il parle de la critique de son Esprit des Loix.

Docteur *Arbuthnot* nous a donné, dans les Transactions philosophiques, N°. 328, pag. 136, une table exacte de tous les mâles & toutes les femelles nés à Londres depuis 1629 jusqu'à 1710, pendant une suite de quatre-vingt-deux ans. Par sa table, il paroît que le nombre total des mâles est à celui de femelles dans la raison constante de quatorze à treize, ce qui avoit été observé avant lui par M. *Grant*, le premier de nos Calculateurs politiques. En partant de ce fait bien constaté alors, & confirmé depuis par tous les Observateurs, M. *Arbuthnot* fait ces quatre remarques ; 1°. que pendant ces quatre-vingt-deux ans, le nombre des mâles a constamment excédé celui des femelles chaque année sans manquer une seule fois ; 2°. que la différence de ces deux nombres s'est soutenue toûjours entre deux termes, qui ne sont pas éloignés l'un de l'autre ; de façon, 3°. qu'il y avoit toûjours plus de mâles que la moitié du total des enfans nés chaque année ; &, 4°. que le nombre des mâles n'a jamais excédé le nombre des femelles, de maniere que presque tous les enfans nés dans l'espace d'un an fussent des mâles. Le Docteur compare ensuite la chance qu'il y a, qu'une proportion tellement limitée ne se soutient pas quatre-vingt-deux fois de suite, & il trouve un nombre composé de vingt-cinq figures contre une, dont les cinq premieres sont 48357, d'où il infére que, même en restreignant son raisonnement aux quatre-vingt-deux années de la table, sans l'étendre à toute la suite des siécles passés depuis la création, il y a plus de 4,835,700,000,000,000,000,000,000 à parier contre un, que le monde est gouverné, & conduit immédiatement par une providence libre, sage & toute-puissante. Qu'on étende maintenant ce calcul, qui n'est que le local pour la seule ville de Londres, à toute la terre habitable, & à toute la suite des siécles passés depuis que le monde existe, puisque nous voyons regner par-tout & en tout tems la même proportion entre les deux séxes, & que les Impies tremblent à la seule idée confuse d'un nombre qui surpasse leur imagination, quand ils se trouvent tentés par l'orgueil de l'esprit ou par libertinage du cœur de nier la Providence.

Description de la Tremella, suivant M. Adanson.

Cette espece de *Tremella* est appellée par *Dillen*, *Conferva gelatinosa omnium tenerrima & minima, aquarum limo innascens.* Dillen, Hist. muscor. pag. 15.

Elle tapisse comme une lame glaireuse, verte, noirâtre, le limon gras au fond des eaux restées dans les orniéres, dans les fossés, &c.

Cette lame est composée de filets droits & assez roides, pointus par les deux bouts, de trois lignes de longueur, insensibles à l'œil nud, & d'environ 1,400ᵉ. de ligne de diamétre; de sorte qu'avec un microscope qui grossit le diamétre de 400 fois, ils paroissent avoir une ligne de diamétre. Alors on voit clairement qu'ils sont articulés comme dans la Figure 7, Pl. 7.

Ces filets ont un mouvement spontané & continuel, tantôt latéral, tantôt progressif, tantôt de recul successivement, & d'environ une ligne en une minute, ou 1,400ᵉ. de ligne, & tous ces divers mouvemens se compensent les uns les autres, au point que chaque filet ne paroît pas changer de place.

Dès que les filets sont parvenus à leur dernier période

de grandeur, qui ne passe pas trois lignes, ils se séparent en deux parties inégales, (Fig. 8, Pl. 7.) dont la plus petite A, n'a guère qu'une demi-ligne de largeur, & s'allonge ensuite par les deux bouts qui deviennent pointus, & qui, lorsqu'ils sont parvenus à la grandeur de trois lignes, se divisent de même, tandis que la plus grande portion répare aussi sa pointe.

M. *Adanson* n'a pas pû s'assurer si un filet qui s'est partagé une fois, se partage une seconde ou davantage, ni si toutes les articulations se séparent successivement pour former chacune une nouvelle plante, comme il l'a observé dans le *Conferva Plinii*. C'est donc une matiere à de nouvelles observations.

Ces filets ainsi engendrés, ou multipliés, s'approchent les uns des autres pour se croiser sous des inclinaisons différentes & pour former une espece de feutre par leur assemblage. (Fig. 9, Pl. 7).

Fin de la premiere Partie.

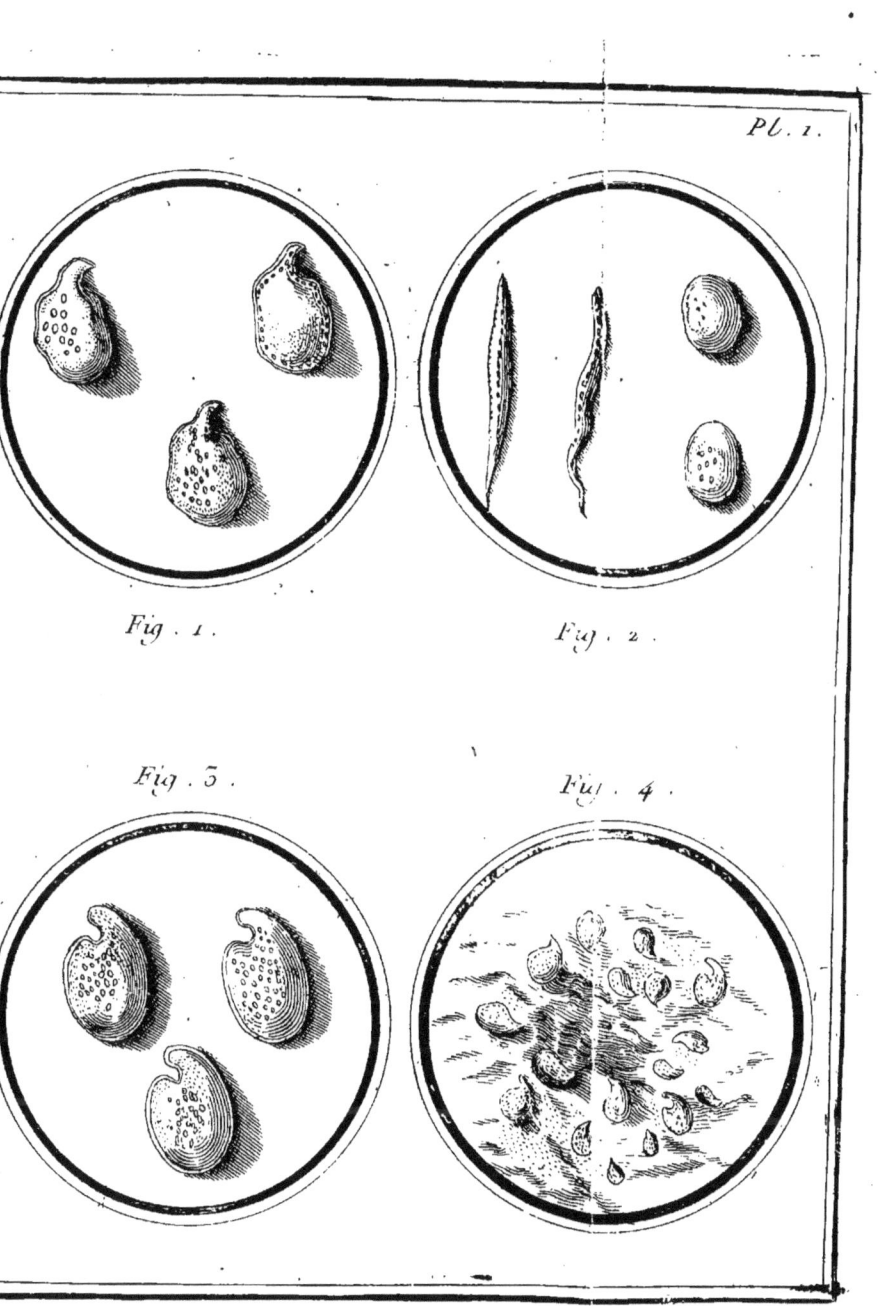

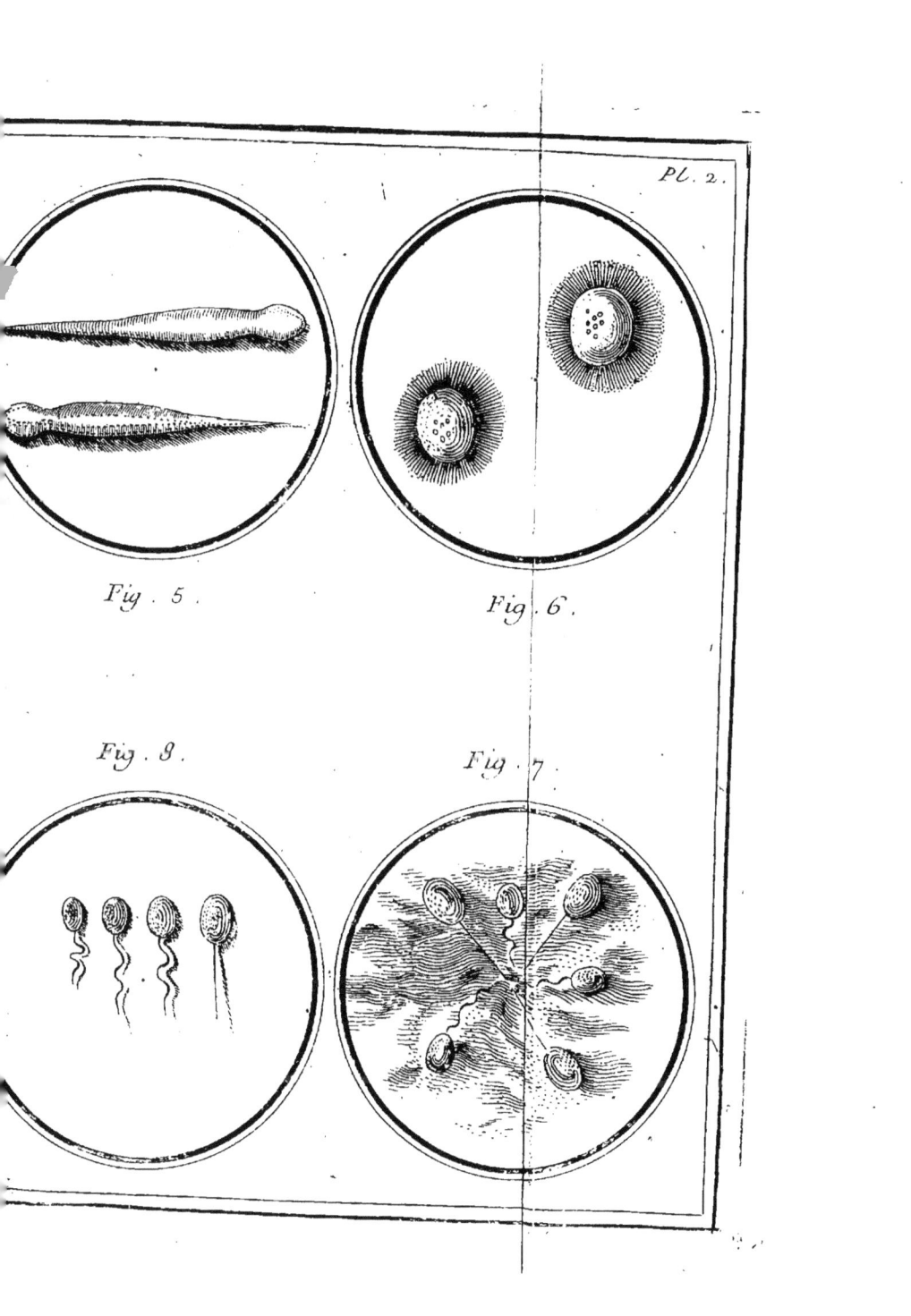

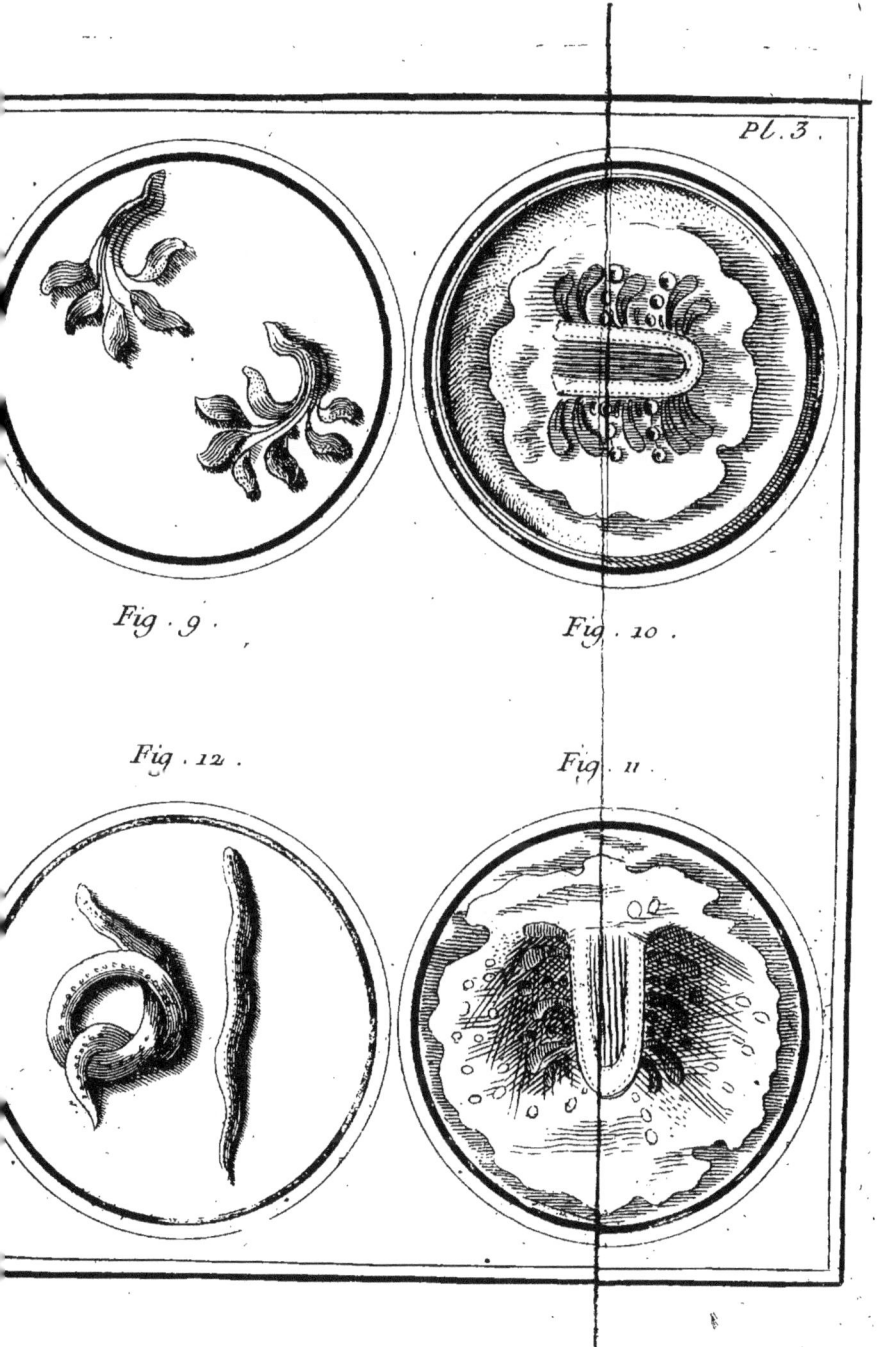

Pl. 3.

Fig. 9.   Fig. 10.

Fig. 12.   Fig. 11.

Pl. 4

le françois sculpsit

Pl. 5.

le François sculp.

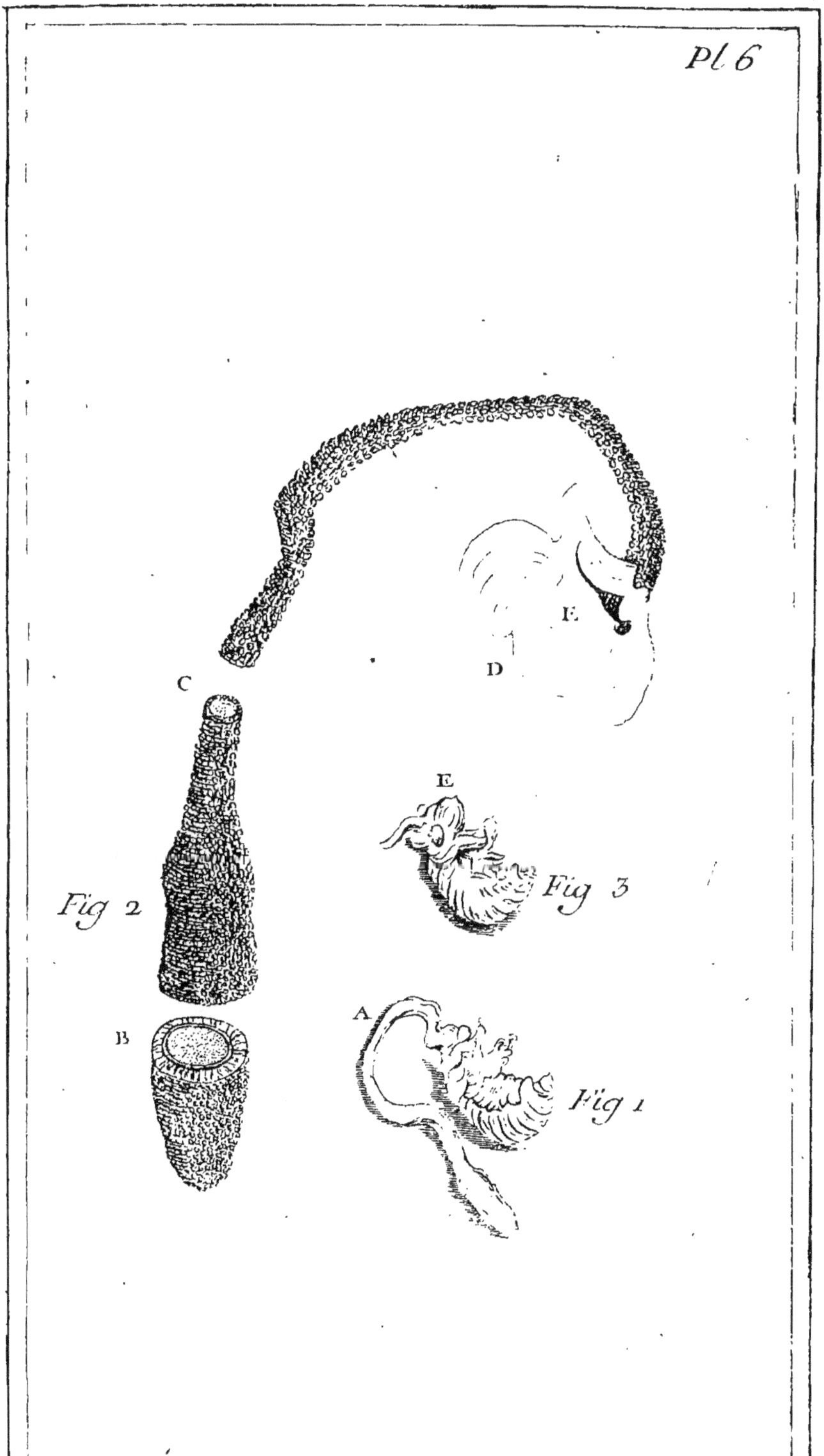

Pl. 6

Fig 2

Fig 3

Fig 1

le françois Sculpsit

www.ingramcontent.com/pod-product-compliance
Lightning Source LLC
Chambersburg PA
CBHW070439170426
43201CB00010B/1157